球鞋

狂热

国际时尚设计丛书

球鞋

[法]亚历山大·波维尔斯　著

赵碎浪　刘莉　译

狂热

中国纺织出版社有限公司

目　录

什么是

球鞋

术语"球鞋（Sneaker）"来自动词"潜行，偷偷地走"（Sneak）。这个词的发明归功于 1862 年的作者 F.W. 罗宾逊（F. W. Robinson），以及 1917 年的美国广告商亨利 – 纳尔逊·麦金尼（Henry Nelson McKinney）。由于橡胶鞋底的存在，这两人都用它来唤起了鞋子的新功能：使穿戴者走起路来静悄悄，而不是当时常态化的声音嘈杂的皮鞋。

球鞋，又称为运动鞋或跑鞋，最初是一种为运动而设计的鞋类。鞋的上部分称为鞋面，由不同的材料制成，但是鞋底通常是橡胶材质。最初，棉帆布是鞋面最常用的材料，但如今被更耐磨的皮革及其变种——绒面革、猪皮面革等所取代。天鹅绒、运动衫布料、合成材料以及回收或生物材料也常被用于鞋面的制作。球鞋可以是低帮或高帮（鞋领部分或全部覆盖脚踝），鞋头可以是圆形或细长的，鞋底厚度各异。这些款式及材料最初是为了支持运动表现而选择和开发的，现在也基于纯粹的审美因素进行选择。

球鞋结构图

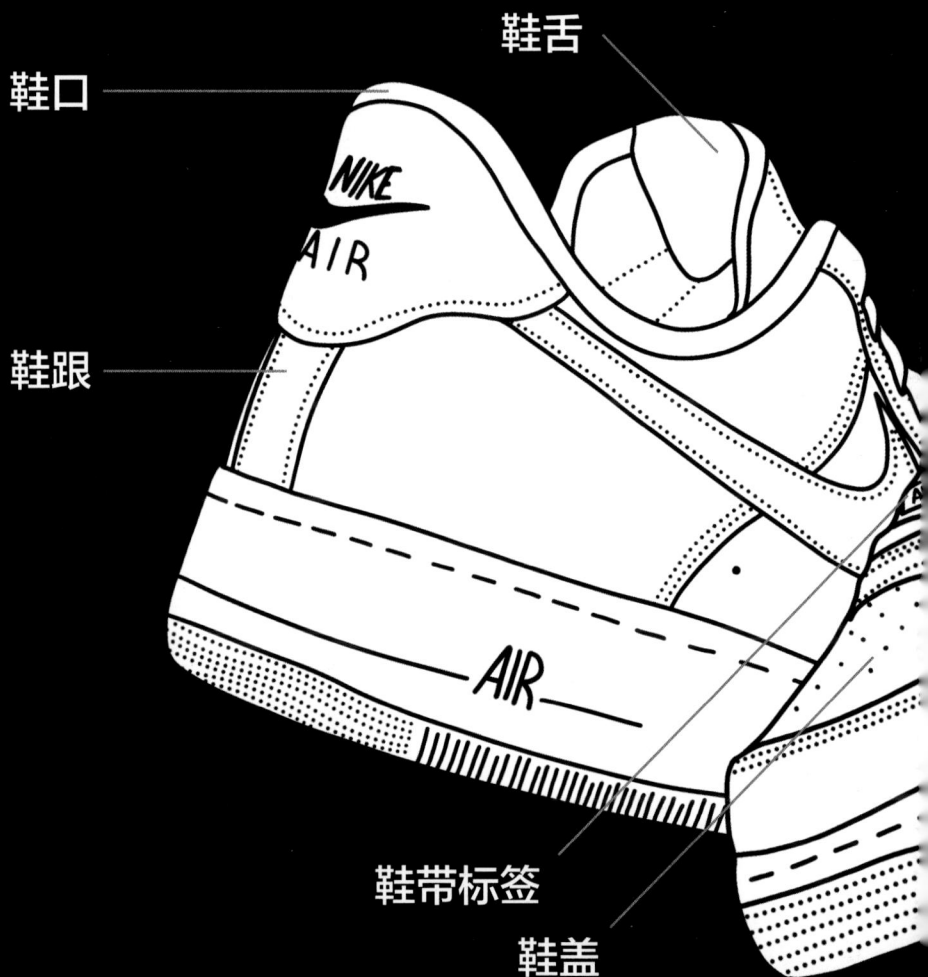

鞋舌

鞋口

鞋跟

鞋带标签

鞋盖

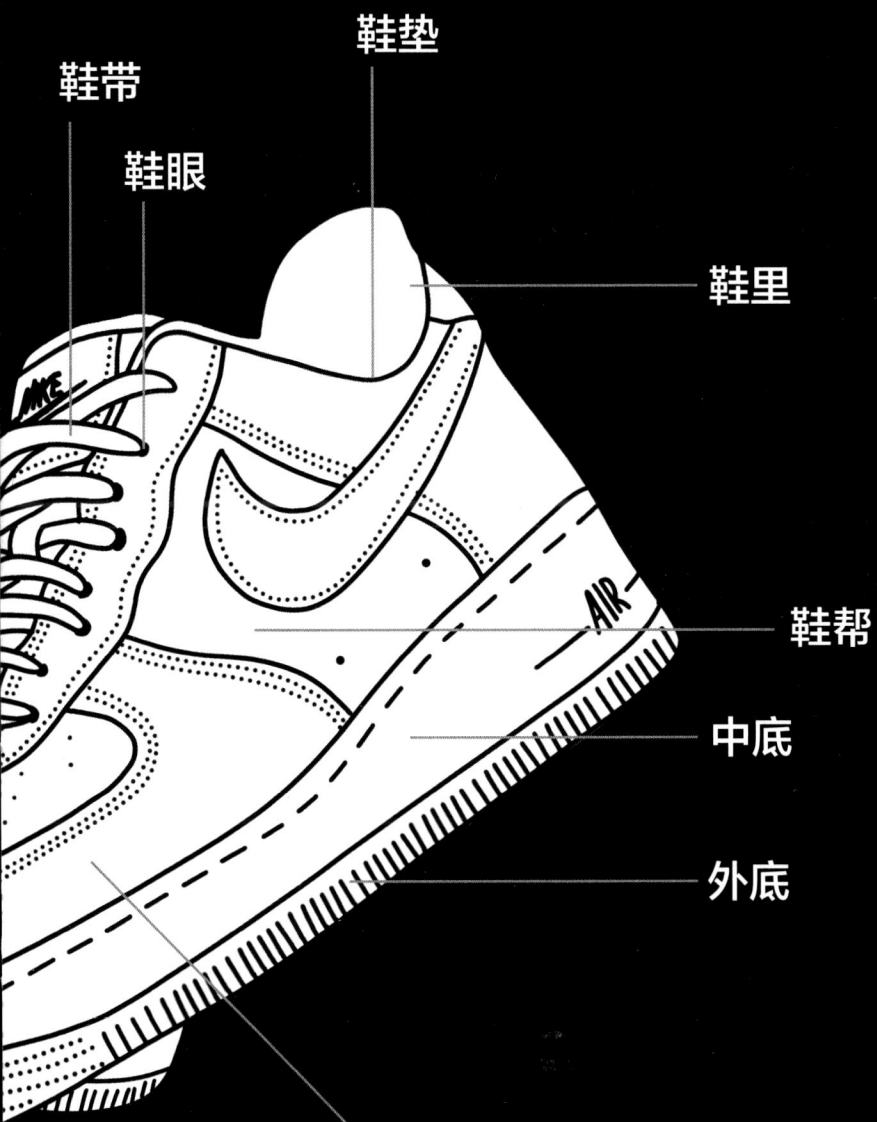

鞋垫

鞋带

鞋眼

鞋里

鞋帮

中底

外底

球鞋术语

球鞋界有自己的专用词汇，包含丰富的俚语和
缩略语。这些是需要了解的术语。

BNIB

"brand new in box." 的缩
写。指未穿过的球鞋，装在原
包装盒中出售，并带有所有标
签和配件。

Campout

露营。指为了等待新球鞋的发
布，粉丝们在商店外通宵等
待，有时甚至是好几天。

Drop

与"Cop"相反，放弃购买的
意思，也就是不买。通常也指
产品的发布。

Bred

"black and red" 的缩写。虽
然它起源于耐克（Nike）的Air
Jordan系列，但这个词已经开
始指代任何黑红色的球鞋。

Cop

购买一双球鞋。

CW

"colorway" 的缩写。即球鞋
盒子上列出的颜色。

DS

"deadstock" 的缩写。最初，
这个术语指的是零售商不再出
售的球鞋，只在转售市场上出
售。然而，它现在也意味着一
双从未被试穿或穿过的鞋。

F&F

"friends & family"的缩写。指这是一款罕见的球鞋，只赠送给该品牌员工的朋友和家人。

L

"lose"或"loss"的缩写。拿到"L"的意思是在抽签中落败。

Reseller

经销商。指购买球鞋再出售，并从中牟利的人。

Fufu

"假货"的俚语。用来指假冒的球鞋。

Legit check

合法的检查。是指用来验证球鞋的真伪的检查。

Restock

补充货源。指当新一批以前售罄的球鞋被制作出来并交付到商店。

GR

"general release"的缩写，通常指的是广泛面向公众发售的球鞋，而不是限量发售的球鞋。

OG

"Original Gangster"的缩写。最初是指"元老级人物"，但现在已经有了"原创"的意思。指最早发布的设计、经典配色或忠实的再版。

Sample

样品。为测试或推广而创造的原型，从未大规模生产。

Grail
（or holy grail）

圣杯。球鞋圣杯是一种极难获得的稀有型号。它也可以用来描述球鞋爱好者最想要的，梦想中的鞋子。圣杯是一双几乎不可能得到的鞋。

Raffle

抽签售货。指在线抽奖以获得购买一双球鞋的机会，这是制造商和经销商经常使用的营销方法。

Sneakerhead

球鞋脑袋。指热爱球鞋，将收集球鞋当作爱好的人。

球鞋的

辉煌

历史

球鞋已经走过了漫长的发展道路。球鞋诞生于19世纪末，几十年来一直只是运动装备。在经历了充满社会变革、技术进步、科技创新和文化革命的不凡历史之后，球鞋成为时尚的象征和人们追求的目标。

起源于运动

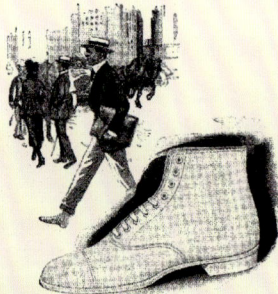

球鞋诞生于一项革命性的发明，最初仅用于运动，几十年来，许多设计师将其局限于这一特定角色。

球鞋的历史始于1839年硫化橡胶的发明。由查尔斯·固特异（Charles Goodyear）发明的这一工艺，使我们今天所熟悉的那种鞋底成为可能。到19世纪末，第一批球鞋制造商开始使用这种工艺。第一双球鞋被生产出来的时

左图

20世纪20年代的科迪斯（Keds）广告。该品牌成立于1916年，是美国橡胶公司（现为联合利华）的子公司。

右图

1982年，耐克公司以美国网球偶像比利·简·金（Billie Jean King）为主角的广告。

候，世界体育界正经历着翻天覆地的变化。随着1896年第一届奥运会的举办，体育运动被组织成俱乐部和联合会，体育锻炼受到了公共当局的大力鼓励——尽管更多的是为了备战竞技，而不是个人的健康生活。

20世纪初，一个新兴的球鞋行业开始兴起：从用于田径或足球的皮革钉鞋，到美国第一批大型制造商科迪斯和匡威（Converse）制造的帆布篮球鞋。第一次世界大战后，随着社会的进步，他们吸引了更多的粉丝，更短的工作周或带薪休假，让更多的人能够享受休闲活动——球鞋是他们的首选鞋类。尽管社会进步在第二次世界大战期间放缓，但在战后的繁荣时期，又强势恢复了。

LONG MAY SHE REIGN

阿迪达斯（Adidas）、彪马（Puma）和亚瑟士（Asics）等新的制造商登上了舞台，引发了为每项运动提供最好性能的鞋子，以及赞助最佳运动员的激烈竞争。这在像奥运会和足球世界杯这样的重大赛事中尤为明显，这些赛事随着首次电视广播的推出越来越受欢迎。耐克在20世纪70年代加入了主要运动用品供应商的行列，这是该行业的关键时刻。此时，健康成为一个普遍的概念，跑步迎来了第一次繁荣，接着是健身和篮球。

随着新的潮流越来越受欢迎，制作理想鞋子的竞赛变得更加激烈。产品线不断增加，品牌开始将生产外包到亚洲，创建创新中心设计最新技术的球鞋，例如耐克气垫鞋、阿迪达斯防扭系统鞋、亚瑟士凝胶鞋和锐步（Reebok）泵鞋。对创新的追求仍在持续，制造商将其作为重点，直到20世纪90年代，他们出奇地反对将自己的创作用在运动场外。但是耐心等待的人会得到一切——球鞋也不例外。

左图：

1975年瑞士女子足球冠军赛的决赛。

右图：

20世纪80年代美国的一堂健身操课。

下图：

1936年夏季奥运会的100米决赛，由美国运动员杰西·欧文斯（Jesse Owens）（位于前景）获胜。

TIPS

"很抱歉，但我们做的是运动服，而不是时装。"这是耐克对 2002 年时装设计师山本耀司（Yohji Yamamoto）提出合作时的回应。这证明（如果需要证明的话），制造商往往只关注性能，而忽略了其他特质。球鞋制造商第一次与非运动员的合作是在 1986 年，阿迪达斯与纽约说唱组合 Run-DMC 的合作。

运动

超越

球鞋设计的初衷或许是为了提高运动成绩，并且长时间被其创造者局限在这一角色里，但球鞋很早以前就已经走上街头，被青年亚文化群体视为反体制的象征。

随着每一次社会和技术的进步，球鞋都被重新定位，并逐渐具有了文化意义。球鞋从纯粹的运动装备转变为一种时尚配饰的历程始于第二次世界大战后：20世纪40年代末，法国的扎祖（Zazou）运动成员们穿着帆布运动鞋随着比波普（bebop）爵士乐的狂热节奏翩翩起舞，预示着球鞋被青年文化广泛采纳。

接下来的十年，着装规范开始放松。美国著名大学学生的穿着——常春藤联盟的风格，是这种休闲风格的起源。美国大学生中兴起了一种更为随性的造型：在体育课后继续穿着球鞋，将运动夹克披在肩上。球鞋成为了一种反抗的象征，一种对社会规范的拒绝。它们很快跨足了美国校园之外。20世纪50年代见证了电影和电视的兴起，这促进了流行文化的传播。银幕明星如詹姆斯·迪恩（James Dean）、马龙·白兰度（Marlon Brando）和玛丽莲·梦露（Marilyn Monroe）开始穿着由匡威和科迪斯设计的鞋子，这些鞋子深受运动员喜爱，在年轻粉丝中普及了球鞋可以穿出运动场的想法。与此同时，其他亚文化群体出于同样的打破常规的愿望也开始穿着球鞋。无论是嬉皮士、滑板者，还是摇滚明星，都将球鞋与牛仔裤搭配着穿。电视和媒体的传播帮助这一潮流迅速扩散：1971年，米克·贾格尔（Mick Jagger）就是穿着一双查克·泰勒（Chuck Taylor）全明星球鞋结婚的。渐渐地，球鞋占领了街头。在纽约的贫民区，它们几乎成了必备的时尚配饰。

场

左图（左）：

玛丽莲·梦露和基思·安德斯（Keith Andes）在弗里茨·朗（Fritz Lang）1952年的电影《夜之冲突》（Clash by Night）中。梦露穿着科迪斯标志性的鞋型Champion。

左图（右）：

1986年英国学生穿着球鞋作为休闲装。

右图：

2009年尼克·洛夫（Nick Love）的电影《公司》（The Firm）中与西汉姆联足球俱乐部有关的英国足球流氓。

TIPS

美国一直是球鞋各种变化的策源地，但美国人并不是唯一设定潮流的人。在20世纪70年代晚期的英国，足球迷采用了自己的休闲风格，放弃了20世纪60年代所特有的时尚，如光头党，以避免引起警方的注意。起初，他们穿着阿迪达斯和锐步最时尚的款式，然后是从欧洲带回的较不知名的品牌，来完善他们的邻家男孩装。他们的休闲风格一直持续到今天，在球场看台上仍可见到。

嘻哈：风格由此诞生

尽管球鞋的用途已经被重新定义，但当它们被嘻哈文化所引领时，才真正成为一种时尚配饰。

嘻哈文化，涵盖了各种创意形式，包括嘻哈音乐（MC）、涂鸦（graffiti）和霹雳舞（break-dance），于20世纪70年代初在纽约市贫民窟社区中兴起。像其他亚文化一样，服装被用来在一个冷漠的社会中塑造身份认同。嘻哈音乐人借鉴了不同的着装规范和参考，但当提到鞋子

时，球鞋是最受欢迎的选择。霹雳舞者，或称为"B-boys"，是最早穿球鞋的人，简单来说是因为球鞋是最舒适的舞鞋。但是，随着时间的推移，形式很快超过了功能，球鞋开始定义嘻哈风格。

阿迪达斯Superstar和彪马Suede都结实耐用且容易个性化定制，在霹雳舞者中非常流行。他们会以鞋子为中心来搭配整体装扮，这是表达个性和呈现"新鲜"的方式。耐克抓住了"球鞋即为表达"的概念推出了Air Force 1和Jordan系列，这两个系列立即成为街头服饰。1986年，

左图:

1985年,来自说唱组合Run-DMC的约瑟夫·西蒙斯(Joseph Simmons)、丹伊尔·麦克丹尼(Darryl McDaniels)和杰森·米塞尔(Jason Mizell)站在纽约帝国大厦前。

右图(上):

一个霹雳舞者空中定格倒立做。

右图(下):

1987年,纽约街头的青少年。

在嘻哈团体Run-DMC的帮助下,这种现象在全球范围内流行开来,该团体的专辑《上升的地狱》(*Raising Hell*)成为这个音乐流派的第一张全球成功的专辑。该团队成员拒绝唱片公司强加给艺术家的流行审美,并坚持穿自己的衣服,即当代街头服饰的版本:坎戈尔袋鼠(Kangol)桶帽、卡加尔(Cazal)眼镜、双鹅(Double Goose)夹克、李(Lee)牛仔裤,尤其是不系鞋带的Superstar球鞋——这参考了美国监狱里去掉囚犯鞋带的做法。

Run-DMC对三道杠品牌的忠诚甚至到了要为他们深爱的球鞋创作一首歌曲《我的阿迪达斯》的程度。这首热门歌曲为这个德国品牌掀起了真正的热潮,最终品牌还签下了与该团体的代言协议,这是球鞋制造商与非运动员之间签署的第一个合作协议。许多艺人效仿Run-DMC的模式,开始支持自己钟爱的品牌,随着说唱音乐在全球范围内获得越来越多的听众,球鞋变得更加受欢迎。

运动服装巨头本可以利用20世纪90年代说唱歌手的成功,但他们不想与此时的帮派风格联系在一起。球鞋制造商要等到下一个十年才开始追求合作,当时出现了一个新的、不那么引人注目的音乐场景。锐步是第一个引起轰

动的品牌：在2003年，这个英国品牌邀请肖恩·卡特（Jay-Z［S. Carter］）、50分（50 Cent［G Unit］）和法瑞尔·威廉姆斯（Pharrell Williams［Ice Cream］）合作推出签名设计。最初的设计引起了轰动，证实了艺人的远见，但长期的成功仍然难以达成。直到后来的坎耶·维斯特（Kanye West），事情才走向圆满。说唱艺人和球鞋之间存在着某种相似性：他们在同一时间从地下文化转变为大众文化。

TIPS

"阿迪达斯甚至永远买不起我们所做的推广……《我的阿迪达斯》歌曲在榜单上连续六周……它要登顶了。所以给我们一百万美元！"当 Run-DMC 在后台被拍到谈论他们的歌曲成功时，他们肯定没想到会看到一份合同。但在公司的市场总监看到粉丝们在 Run-DMC 音乐会上挥舞着自己的阿迪达斯 Superstar 球鞋后，阿迪达斯给出了他们开玩笑要求的一百万美元合同，这个金额相较于阿迪达斯获取的利润来说微不足道。

下图：
早期嘻哈音乐明星詹姆斯·托德·史密斯 "LL Cool J" 代表女士迷恋酷爵士詹姆斯的照片，摄于1987年。

右图：
乔尔·席尔伯格（Joel Silberg）1984年电影《霹雳舞》（Breakin'）的场景。

20世纪80年代：
改变一切的黄金时代

左图：

1981年在纽约街头的一个霹雳舞者。他戴着坎戈尔袋鼠帽子，这是20世纪80年代被美国说唱歌手推广的、街头文化的象征。

右图：

这则广告在1986年Air Jordan 2发布时登上了美国杂志。这款奢华的鞋型是在意大利制造的，标志着Air Jordan系列中Swoosh（对勾）标志的消失。

20世纪80年代兴起了球鞋文化。这个十年是亚文化和运动创新的交汇点，球鞋被提升到了令人崇拜的地位。

20世纪80年代：无忧无虑、创造性和颓废，这些词也可以用来描述球鞋的场景。球鞋激增的一个解释是其被快速崛起的嘻哈世界所采用，但始于美国的球鞋革命，发生在一个更大的背景下。在20世纪80年代，体育运动变得更加流行，伴随而来的是对外貌和身体的崇拜。在日益多样化和普及化的电视媒体的影响下，健身房会员数量激增，跑步成为主流，人们努力塑造自己的身体。当第一个音乐频道音乐电视（MTV）出现并开始播放说唱音乐视频、展示其第一批偶像的风格时，娱乐与体育节目电视网（ESPN）帮助把运动员变成名人，并将像篮球这样的运动带给更广泛的观众。

为了应对这种前所未有的曝光，运动服装制造商激烈竞争，签约最有才华的运动员，为流行运动提供越来越高性能的产品。锐步专为健身设计的Freestyle运动鞋和它的泵科技一样大获成功。阿迪达斯推出了Torsion系列，耐克也出招精准：Air Force 1、Dunk和Air Max系列都是在20世纪80年代推出的。然而，1984年为正在崛起的球星迈克尔·乔丹（Michael Jordan）制作了其签名系列才真正创造了耐克

"Swoosh"（对勾）历史性的一刻。

Jordan系列在许多方面都改变了游戏规则，但最重要的是它象征着一种新的设计方法。此前，球鞋仅为了运动表现而设计；现在，耐克将运动与美学结合起来，采用全新的形式和材料。公司还重塑了体育营销：Air Jordan公然违反NBA的严格着装规定，耐克设法将争议转化成了叛逆的象征，再次得到说唱歌手的认可，年轻人也接纳了这种鞋款。这种流行趋势随着小荧幕和大荧幕上令人难忘的露面（包括斯派克·李［Spike Lee］的电影《为所应为》［*Do the Right Thing*］），以及"飞人"成为球场传奇人物而持续增长。

这双鞋如此热门，以至于有报道说人们因为脚穿带有飞人标志的球鞋而遭到抢劫。这一

NIKE
AIR

LOOK, UP IN THE AIR.

系列推出了"年度新品"的概念——每年发布一款新鞋，进一步推高了其热度。其他品牌则纷纷效仿，为自己的新战略和合作伙伴关系找到了起点。他们的成功尝试吸引了第一批收藏家，并为今天的球鞋圈奠定了基础（参见"TIPS"）。就连奢侈品行业也感受到了变化的气息，开始对球鞋产生了兴趣：继开创者卡尔·拉格斐（Karl Lagerfeld）的脚步之后，古驰（Gucci）于1984年推出了网球鞋，并由此带来了奢侈球鞋的概念。最终，20世纪80年代的狂热不仅推动了球鞋从球场到街头的过渡，还孕育了一种新的文化。

TIPS

耐克于 1982 年推出了 Air Force 1 球鞋，但为了与当时公司的策略保持一致，两年后停止了生产，转而推出新产品。然而，在美国东海岸，这款被称为"Uptown"的鞋子已经成为传说中的珍品。由于意识到市面上这款鞋的短缺，巴尔的摩三家店铺的经理们——后来被誉为"三个好友"——说服了耐克为他们供应独家配色，这些独特配色的鞋款一推出就立刻被抢购一空。这是行业的一个历史性时刻：这是制造商和零售商之间的第一次合作，第一个限量版产品是如此成功，以至于 Air Force 1 在 1986 年重新发行。

左图：
美国演员和导演斯派克·李在影片《为所应为》拍摄期间。这部影片于1989年上映，描绘了布鲁克林工人阶级社区居民的日常生活。

右图：
纽约时代广场，1987年。随身音箱是20世纪80年代说唱和嘻哈文化的必备品。

20世纪80年代是球鞋的奠基时期，但随后的十年在球鞋历史上同样重要。原因很简单：在这一时期，球鞋市场蓬勃发展，并产生了一个全新的类别——生活方式。

在互联网时代来临之前，地方趋势很难迅速传播到国际市场。20世纪80年代在美国发生的球鞋成为时尚配饰的革命直到20世纪90年代才开始被其他国家和地区所接受。新潮且商业上极为成功的说唱音乐和体育运动的大众化共同推动了这个趋势，结果是独特的风格和新球鞋的出现。大多数孩子喜欢跑鞋。20世纪90年代，跑步出现了二次繁荣，制造商互相竞争来鼓励创新和推出更大胆的设计。耐克凭借其Air Max系列获胜。不同地理区域的个别款式与当地建立了深厚的文化联系：英国人爱上了Air Max 90；

20世纪90年代：

日本人爱上了Air Max 95；意大利人爱上了Air Max 97；而法国人则爱上了Air Max Plus，粉丝们把它命名为"鲨鱼"（la Requin）。

新兴的城市消费，受到滑板运动普及的推动以及整体上向更加随性的规范（最明显的例子就是"休闲星期五"）转变的鼓舞，最终唤醒了整个行业。制造商开始将生活方式视为一个独立的市场，而且首次有人制造了不仅仅是为了运动使用的、适合日常生活穿着的运动鞋。这个领域在生产量和销售额方面迅速超过了性能型产品。为了保持这个类别的繁荣，20世纪

左图：
美国纽约哈莱姆涂鸦名人堂，1991年。这个空间位于当地一所学校的庭院内。它是由当地活动家的努力开设的，旨在为年轻的涂鸦艺术家提供表达空间。

右图：
法国巴黎北部的圣德尼，1990年。

生活方式元年

80年代的实验变成了长期战略。再发行的数量不断增加，例如Air Jordan 1在1994年的回归，打破了制造商不断推出新产品的传统策略，品牌也开始开发限量合作或在特定地区推出独家特别版。彪马在1998年邀请吉尔·桑达（Jil Sander）联合设计一款系列产品，为奢侈品合作铺平了道路。随着新千年的到来，一切都已准备就绪，球鞋将成为一种全球性的风潮。

TIPS

600%！这就是20世纪90年代耐克鞋在英国销售额增长的百分比，也是该公司国际吸引力的证明，使其成为全球运动服装领域的领导者。

"在很长一段时间里，边界是明确的。"

Maximilien N'Tary-Calaffard，球鞋历史学家

Maximilien N'Tary-Calaffard从小就是一位球鞋迷，并成功地将他的爱好变成了职业。他现在担任顾问、记者和研究员，并在索邦大学、法国时装学院和哥伦比亚大学攻读博士学位，论文研究数字化对球鞋市场的影响。我们与他交谈，以获得更多历史视角。

篮球和嘻哈通常被认为是改变球鞋命运并将其提升至崇拜地位的因素。但在此之前，其他群体已经开始采用这些鞋子。是哪些因素或个人在推动球鞋成为更大的风潮中扮演了关键角色？

球鞋自20世纪50年代美国的常春藤联盟风潮和大学校园风格兴起以后，就已经开始在体育场以外流行开来。人们也常忘记，在篮球风靡之前，在20世纪60年代中期至20世纪80年代初期，有好几项运动已经把球鞋带入了日常生活中，包括跑步、网球和有氧运动。在20世纪60年代，公路跑步成为一种独立的亚文化，品牌推出了符合这种需求的鞋子。在接下来的十年中，人们抢购网球选手比约恩·博格（Bjorn Borg）的签名系列。当健身流行起来之后，女性会把球鞋从健身房穿到办公室。嘻哈和篮球将球鞋提升到了街头崇拜的地位。篮球是20世纪60年代末非裔美国人喜欢的运动，它可以在街头进行比赛。因此，你会看到每个内城都有NBA巨星宣传的球鞋。

它们的普及程度远超过了乡村俱乐部或加利福尼亚慢跑热潮中流行起来的网球鞋或跑鞋，而且吸引了一个截然不同的人群。这种前所未有的规模使篮球运动对球鞋的改造与之前不同，而这种改造又因为同一个人群所驱动的嘻哈文化而变得更加复杂。

"嘻哈和篮球将球鞋提升到了街头崇拜的地位。"

你如何解释这样一个事实：运动服装品牌长期抵制他们的产品被用于其他用途并对其具有成为生活方式的潜力视而不见？

对这些非传统用途的理解非常困难。如今，每家公司都设有一个文化部门，但过去很长一段时间界限是很明确的。如果你喜欢体育，你就会去体育场。除了跑步和篮球，你必须要加入某个体育联合会才能进行体育活动。因此，对于运动服装品牌的决策者来说，很难认识到，更不用说理解在传统边界之外正在发生的事情！乔丹和Run-DMC在20世纪80年代中期改变了游戏规则。但即使是这些伟大的成就，并不一定表明了阿迪达斯改变了主意：阿迪达斯或多或少地"忍受"着与Run-DMC的合作——是他们把持合作的主动权——而对乔丹的看法则是由营销专家索尼·瓦卡罗（Sonny Vaccaro）操控的。那个时候，我们需要的是有人能够跳出体育这个框框，引领一些新的东西，就像锐步推出有氧运动鞋一样：一个西海岸的代理人在参观了他妻子的健身房后，注意到了健美操的热潮以及专门鞋履的缺乏，于是无私地提出了这个建议。尽管有这些成功的例子，生活方式市场的发展还是花了一些时间，即便是在耐克，公司的核心依然是性能，一直

到2005年创建了NRG（代表"能量"）部门。

你认为品牌的创意过程中，设计什么时候变得和性能一样重要了？

在1988年，随着Air Jordan 3的推出。Air Jordan 2的设计就是为时尚考虑的，但它失败了，迈克尔·乔丹想离开耐克。汀克·哈特菲尔德（Tinker Hatfield）通过提出一些设计上彻底颠覆的东西：飞人标志和可见的气垫，挽救了再次濒临破产的耐克。迈克尔·乔丹非常喜欢它，它大获成功，美国公众也被它征服了，耐克重回聚光灯下。Air Jordan 3确实是一个里程碑，它引发了可见技术的革命。在此之前，品牌会说他们的鞋子具有这个或那个竞争优势，但你看不到它。现在技术是可见的：耐克展示了它的气垫；锐步开发了泵系统；匡威推出了波浪系统；阿迪达斯发布了防扭系统；彪马发明了半自动系带系统。从那时起，音乐偶像开始穿不同的款式，这又是一种适应——整个过程变成了一个循环。

"即使在耐克，生活方式市场也需要时间发展。"

什么时候开始，大多数人不再把球鞋仅仅看作是运动穿的鞋了？

在20世纪90年代末期，休闲装开始兴起；银行家们决定在星期五可以穿卡其裤和牛津衬衫去办公室，搭配船鞋或球鞋——不管是素色的还是有花纹的，但仍然是球鞋。这种现象得到了广泛的接受，在社会上球鞋变得可接受了。我自己也有过这样的经历：1992年我高中毕业后去了巴黎政治学院的预科学校，那里禁止穿牛仔裤和球鞋。1998年我在盖璞（GAP）工作时，唯一允许穿的球鞋是匡威。到了2000年，一切都结束了——再也没有限制了！

在很长一段时间里，球鞋是叛逆的象征。它们现在已经成为主流，是否仍然具有这种意义？

不，球鞋已经完全失去了这种象征意义。某些鞋子仍具有特定的内涵，并被作为加入某些亚文化的标志。但由于大众不了解这些代码，主流穿着者可以只是因为喜欢这种风格而穿着产品，而不必意识到其次要意义。我想起阿迪达斯Samba球鞋，它曾是"休闲"潮流并为光头党成员所钟爱；或者说那款亚文化圈的终极代表——匡威Allstar篮球鞋，这种鞋你可以在几十年来的每一个音乐潮流中看到，它被大众所热爱。归根到底，一双球鞋被穿得越多，变得越流行，它的象征意义就越小。这适用于所有产品，它们的生命周期都是如此。当球鞋进入更广泛的公众视野，它们就会失去本质，但总会有一群人因为它们曾经代表的意义而继续穿着它们。

左上图：
文森特·卡瑟尔（Vincent Cassel）、塞义德·塔格莫伊（Saïd Taghmaoui）和于贝尔·昆德（Hubert Koundé）在《仇恨》（*Hate*）电影中。马修·卡索维茨（Mathieu Kassovitz）于1995年拍摄的这部电影讲述了一群朋友在巴黎郊区的公寓项目中所经历的磨难。

右下图：
在"L'Affranchi"举行的霹雳舞表演。自1996年成立以来，这个位于马赛的音乐综合体已成为法国说唱和嘻哈音乐的圣地，并推出了像索普拉诺（Soprano）、阿卜杜勒·马利克（Abd Al Malik）和凯瑞·詹姆斯（Kery James）这样的职业艺术家。

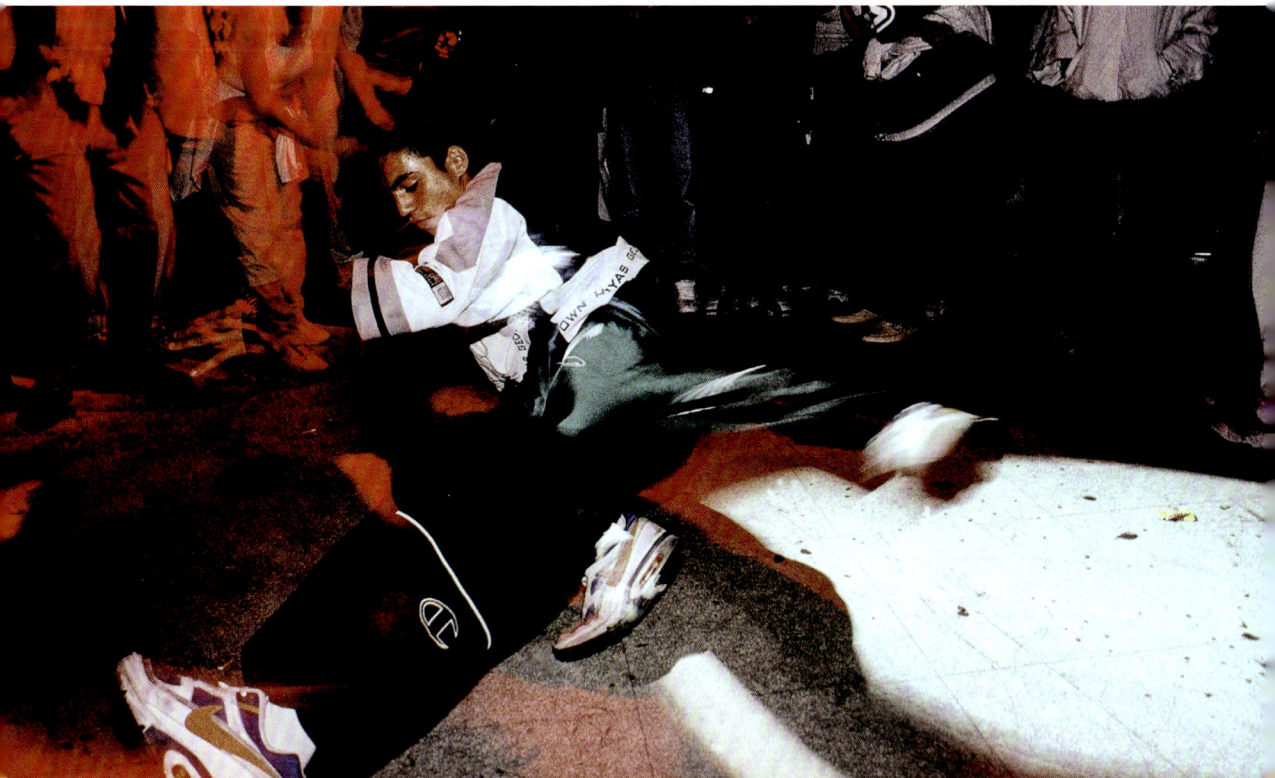

品牌

和款式

球鞋市场由制造商驱动，它们已经成为真正的制鞋机构。有些品牌已经存在了一个多世纪，它们的故事成为制造球鞋以提高运动员表现的更广泛历史的一部分。这种对创新和增强性能的疯狂追求产生了现在家喻户晓的设计。让我们来看看那些定义过、正在定义，还将继续定义球鞋文化的品牌和款式。

耐克：
无可争议的头部品牌

上图：
史蒂夫·普雷方丹（Steve Prefontaine）在1975年美国加利福尼亚州莫德斯托接力赛上冲过终点线，几个月后因车祸去世。

耐克是全球领先的运动服装制造商，如今市值超过1000亿美元。这个美国品牌曾经为了取代其欧洲前辈和竞争对手而进行激烈的竞争。

耐克于1971年在美国俄勒冈州的比弗顿正式成立。但事实上，品牌起源于1964年，创始人菲利普·奈特（Philip Knight）和比尔·鲍尔曼（Bill Bowerman）都是田径运动爱好者，他们创建了一家名为"蓝丝带运动"（Blue Ribbon Sports）的公司，用于推销由亚瑟士早期品牌鬼冢虎（Onitsuka）生产的跑鞋。当他们开始设计自己的跑鞋时，他们将公司改名为耐克。

Cortez是第一款印有对勾（Swoosh）标志的款式，由于其创新的人字形鞋底而受到跑步者的喜爱。斯蒂夫·普雷方丹在1972年慕尼黑奥运会上穿着这双鞋子，这是该品牌理想的跳板。耐克在接下来的一年推出了Waffle Trainer，继续在田径运动领域建立了稳固的声誉，同时扩展到其他运动领域，如迅速变得流行的篮球运动。

尽管推出了像Blazer和Air Force 1这样的经典款式，但耐克无法摆脱白人中产阶级品牌的形象，并一度濒临破产。1984年，该公司押注NBA崛起的球星迈克尔·乔丹，推出了一个签名系列，将业务重新拉回了正轨。甚至，耐克的成功走出了美国。该公司的设计被不同的亚文化所吸收，并获得了文化威望，限量版的推出吸引了第一批球鞋收藏家。1987年推出的Air Max系列使该公司处于有利地位，迎接了20世纪90年代的生活方式转变，成了领先的运动服装公司。

尽管该品牌仍然通过像2012年推出的Flyknit技术等创新为运动员服务，但如今，耐克通过重新演绎标志性款式和与著名设计师的合作，从卡拉·阿贝（Chitose Abe）到特拉维斯·斯科特（Travis Scott），吸引了球鞋发烧友。再加上精明的营销，难怪耐克总是售罄，在球鞋游戏中给竞争对手留下的空间很小。

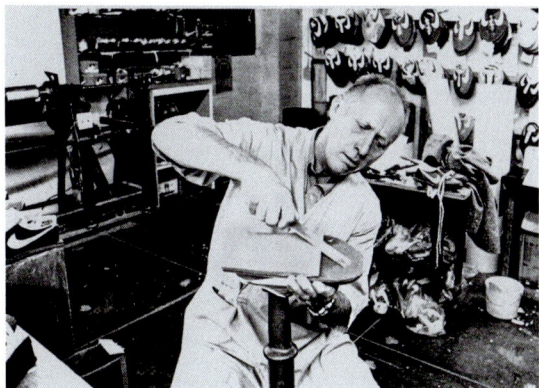

TIPS 耐克这个名字来源于希腊胜利女神，著名的钩子形状的"Swoosh"商标则是女神翅膀的风格化表现。如今，它是全球最具辨识度的标志之一，但它的设计却是临时抱佛脚，选择时也是三心二意：在急于推出他们的第一系列产品时，创始人雇用了一名平面设计学生卡洛琳·戴维森（Carolyn Davidson），仅支付了她35美元的报酬。

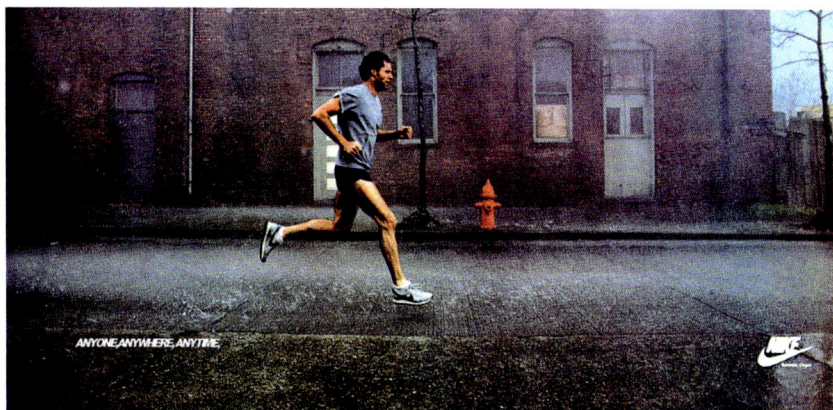

左上图：
耐克公司的联合创始人比尔·鲍尔曼在他的第一个工作室。他是俄勒冈大学田径队的教练，非常了解跑步者的需求，他设计出了第一批著名的对勾标志。

右上图：
耐克Cortez鞋是第一款印有对勾标志的球鞋，于1972年发布，但早在几年前就与鬼冢虎合作设计出来（请参见第75页"TIPS"）。

右下图：
这则广告20世纪80年代在全美范围内刊登。

耐克

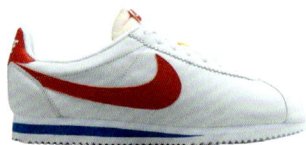

1972

Cortez

在成为《阿甘正传》中福瑞斯特·冈普（Forrest Gump）最喜欢的球鞋之前，Cortez标志着耐克的吉祥开端。它在品牌成立初期推出，独特的人字形鞋底，革新了跑步界，并塑造了品牌声誉。之后，Cortez成了一款带有加州风格的生活方式鞋款。

1973

Blazer

Blazer是耐克与篮球长期合作的第一个里程碑。这款高帮鞋于1973年推出，旨在帮助品牌打入这个充满前景的市场，并与阿迪达斯和匡威竞争。它先在球场上风靡一时，后来被滑板爱好者接受。简单的设计是它具有永恒吸引力的秘密。

1982

Air Force 1

耐克最畅销的款式，是由设计师布鲁斯·基尔戈尔（Bruce Kilgore）创造的，以美国总统专机"空军一号"命名。该设计1982年作为篮球鞋推出，被说唱歌手广泛推崇后迅速走出球场成为风靡全球的休闲鞋。

经典款式

1985

Dunk

　　由于与特拉维斯·斯科特等名人的高调合作，Dunk目前是耐克的热门型号之一。该款鞋子于1985年在公司的篮球鞋目录中发布，外形上与Air Jordan 1相似，两者均由彼得·摩尔（Peter Moore）设计。Dunk在滑板爱好者中取得了巨大成功。2002年，推出了专门为滑板设计的版本，成为标志性的耐克 SB Dunk。

1987

Air Max 1

　　这个象征耐克在生活方式市场上成功的标志性款式最初是于1987年为振兴公司的跑鞋系列而推出的。但是汀克·哈特菲尔德的革命性设计，特别是凸显出气垫技术的镂空鞋底，不仅仅得到了运动员的青睐。Air Max 1还成为街头文化的标志，随后推出的Air Max系列也是如此。

所有其他Air Max型号

　　Air Max系列由Air Max 1开启，包括了所有遵循相似设计思路的款式。最初是为了跑步而设计，Air Max 90、95、97和Air Max Plus越来越大胆的设计意味着它们都被视作休闲鞋，巩固了耐克作为全球头号运动服制造商的地位。

乔丹：

另一个

耐克

乔丹是耐克旗下的子品牌，以传奇篮球运动员迈克尔·乔丹命名。该品牌成立于1984年，以乔丹的签名系列为主打，并生产了一些历史上最具标志性的球鞋。

那是1984年，21岁的迈克尔·乔丹即将被NBA发掘。与此同时，这位新秀与耐克签订了一份前所未有的合同，其中包括以他的名字命名的鞋款、服装系列以及每售出一件商品25%的版税。这实际上重新定义了代言合同、体育营销和球鞋设计。

Air Jordan 1作为该系列的首款鞋款，于1985年推出时打破了所有规则：它是首款不是白色的篮球鞋。芝加哥公牛队的配色违反了联盟制服规定，迈克尔·乔丹每次穿这双鞋都会被罚款。但是，通过巧妙的营销活动，耐克成功地利用了这一点。这种突破性的信息传递方式吸引了年轻的粉丝，Air Jordan 1取得了巨大的成功——它将球迷们团结在了球场之外。

每年推出的新款鞋款都以当季迈克尔·乔丹的穿着为宣传重点，这种成功被不断复制。得益于这位明星的人气以及在电视和电影中的出现，这些球鞋被不同的亚文化群体所接受，并赋予了它们非运动意义，创造了一个真正的文化传奇。Air Jordan 1之后，Air Jordan 3、4和11都是历史上最具标志性的球鞋之一。

如今，该系列包括36种鞋款，其中大部分是重新发售的。乔丹（Jordan）于1997年成为独立品牌，但仍是耐克的一个子公司。

乔丹利用品牌的声望吸引合作伙伴资源，同时通过新颖的合作伙伴关系，如与巴黎圣日耳曼足球俱乐部的合作，成为世界领先的运动服饰制造商之一。

TIPS

起初，迈克尔·乔丹并不想与耐克合作，他不喜欢耐克的产品。但他与更青睐的品牌阿迪达斯以及其他有意向的品牌的谈判都未能成行。在他的母亲德洛丽丝（Deloris）的鼓励下，这位"飞人"最终与耐克签约。尽管他签下了一份利润可观的合同，但他仍然不太信任耐克，而且也曾在多个场合考虑更换品牌，因为他对前几款设计感到失望。直到汀克·哈特菲尔德用 Air Jordan 3 的设计最终赢得了他的青睐。

左上图：

22岁的迈克尔·乔丹和彼得·摩尔设计的芝加哥公牛队色的Air Jordan 1。

右上图：

迈克尔·乔丹在1985年首次参加NBA组织的扣篮大赛。他最终输给了多米尼克·威尔金斯（Dominique Wilkins），但在1987年和1988年的比赛中一雪前耻，赢得了冠军。

下图：

Air Jordan 1 1985年发售的广告。

WHO SAID MAN WAS NOT MEANT TO FLY.

乔丹

1985

Air Jordan 1

Air Jordan 1是第一款乔丹鞋，也是最具代表性的一款。它于1985年发布，因其激进的设计和大胆的颜色而立即受到欢迎。现在已有多个版本——低帮、中帮和原始高帮。Air Jordan 1仍然是乔丹品牌的明星款式，并经常被品牌重新解读。

1988

Air Jordan 3

这款鞋子说服了"飞人"留在耐克。这是汀克·哈特菲尔德为迈克尔·乔丹设计的第一款鞋，当它于1988年发布时，有着可见气垫、原始水泥印花和全新的跳人标志——乔丹在做扣篮——的设计不仅赢得了乔丹和其他篮球运动员的认可，也赢得了时尚人士的青睐。它被载入史册。

经典款式

1989

Air Jordan 4

Air Jordan 4基于迈克尔·乔丹非常喜欢的Air Jordan 3设计，旨在为球员提供更大的灵活性和缓冲，有着更加明显的气垫，上部有由热塑性弹性体制成的网格。与其前作一样受街头喜爱，Air Jordan 4现在是该品牌限量版和合作款式中最受欢迎的款式之一。

1990

Air Jordan 5

该系列第五款鞋，于1990年发布，配备了更好的技术和尖端的设计。从鞋底上的火焰图案中可以看出，汀克·哈特菲尔德将迈克尔·乔丹的动作与战斗机动作进行类比。反光鞋舌、鞋带扣和半透明外底再次为球场带来美学上的震撼。

1995

Air Jordan 11

这是迈克尔·乔丹最喜欢的款式。Air Jordan 11与系列中的其他款式有所区别，并在1995年发布时引起了巨大轰动。它设计的独特性在于鞋面上的波浪线条，以及结合了软皮、有光泽的皮革、有纹理的尼龙和氯丁橡胶材质的构造。它仍然是该品牌目录中最受欢迎的设计之一。

德国品牌阿迪达斯由阿道夫·达斯勒（Adolf Dassler）于1949年创立。阿迪达斯以多种方式开创新局，这个以其"三道杠"标志著名的品牌多年来一直是世界运动服饰的领导者，专注于设计经典款式。

阿迪达斯成立于1949年，但其起源可追溯到1919年，当时创始人开设了他的第一家球鞋工厂。1924年，他的兄弟鲁道夫（Rudolf）加入了公司，创建了达斯勒兄弟鞋厂（Gebrüder Dassler Schuhfabrik）。该公司迅速发展，但是，历史遗留问题所引发的兄弟间的纷争导致了其衰败。

兄弟分道扬镳。鲁道夫于1948年创建了彪

马，一年后，阿道夫也创建了阿迪达斯，品牌名取他的绰号"Adi"和他姓氏的前三个字母组成。该品牌通过Samba（一种为1950年巴西世界杯足球赛而设计的鞋款）迅速在足球和田径运动员中取得了成功，直到20世纪60年代才开始多元化。

阿迪达斯在20世纪60年代开发了Stan Smith——一款为网球运动员设计的鞋款，并成为有史以来最畅销的鞋款之一。Superstar紧随其后，签署与说唱歌手Run-DMC的代言合同等多个值得注意的合作巩固了阿迪达斯的知名度。但是，公司主管去世后发生了内讧，加上竞争对手在NBA球场上取得了胜利，这个德国品牌在20世纪80年代末濒临破产。这时，法国商人伯纳德·塔皮（Bernard Tapie）接手并给公司带来了新的开始。

阿迪达斯于2002年向山本耀司提供了一条产品线，开创了运动服装和高级时装的结合。该制造商继续通过与斯特拉·麦卡特尼（Stella

阿迪达斯

McCartney）、然后是拉夫·西蒙斯（Raf Simons）和最终的椰子（Yeezy）等合作来培育这一细分市场。这种受崇拜的合作关系长期以来使该公司在球鞋市场上处于重要位置。同时，该品牌拥有其Boost减震技术，并似乎正在带头推动可持续发展的方式，使其一直处于创新的前沿，紧随耐克的脚步。

左上图：

阿道夫·达斯勒在1924年成立的达斯勒兄弟的鞋厂（Gebrüder Dassler Schuhfabrik）内。

右上图：

来自里克·鲁宾（Rick Rubin）1988年电影《比皮更硬》（*Tougher Than Leather*）的画面。电影与Run-DMC同名专辑的发行同时推出。

右下图：

阿道夫·达斯勒，1973年。

：永恒经典

TIPS

　　"三道杠的品牌"是阿迪达斯世界知名的别称，源于其产品上标志性的三条平行线。但是，这个标志不是阿迪达斯本身设计的，而是由芬兰的卡虎（Karhu）品牌创建的。1951年，阿迪达斯以约1600美元外加两瓶威士忌的价格购买了这个标志。这是一笔非常划算的交易！

47

阿迪达斯

1950
Samba

推出Samba款式是阿迪达斯的创举，该款式确立了品牌的简约美学。最初为了在冰冻的欧洲地面上提供牵引力而设计，之后为了在1950年的巴西世界杯足球赛上向全世界推荐该款鞋子，品牌将其命名为"Samba"。这一款型已经经历了几次改进，包括一款仍享有主流人气的休闲版。

1964
Stan Smith

Stan Smith是阿迪达斯最畅销的产品。自1978年这款鞋子以美国网球选手斯坦·史密斯（Stan Smith）的名字命名以来，已经销售了超过一亿双〔在1964年到1978年间，这款鞋子是以法国网球选手罗伯特·哈莱特（Robert Haillet）的名字命名的，他设计了这款鞋子〕。最初是为了在网球场上穿着而设计的，今天这款球鞋成了经典的代名词。

经典款式

1966

Gazelle

Gazelle于20世纪60年代末推出，是第一双多用途球鞋。鞋如其名，它是迅速而优美的。以麂皮鞋面为特色的设计被开发出来以适应所有运动，但再一次在街头和不同的亚文化中流行起来，使这款鞋子成为永恒的经典。

1969

Superstar

阿迪达斯的另一个大卖款，可凭借其橡胶外壳鞋头立即被认出来。Superstar是为篮球而设计的，1969年推出时吸引了NBA球员。在20世纪80年代，嘻哈文化将其推向第二春，尤其是Run—DMC，使其成为街头文化的传奇。

2015

Ultra Boost

Boost减震技术以由聚氨酯颗粒制成的中底，围绕着微小的气囊扩展，这项技术彻底改变了市场。品牌最畅销的Ultra Boost跑鞋就是以这种提升舒适度的技术命名的，每年都会推出新版本。

椰子：先锋派

椰子（Yeezy）品牌是由坎耶·维斯特与阿迪达斯合作创立的。它让这位说唱歌手能够延续他在与耐克的合作中开始的革命，设计出新的经典，并打造出一个真正的帝国——直到他惊人地跌下神坛。

作为过去十年最具影响力的艺术家，坎耶·维斯特不仅凭借音乐才华赢得称号，还凭借在时尚和球鞋领域的地位而获得名声。这位无限创意的说唱歌手于2007年发行了他的第一款与日本品牌安逸猿（Bape）正式合作的单品，两年后又成为

首位与耐克签署运动鞋合作协议的非运动员。

坎耶·维斯特将他的鞋子命名为"椰子"，就像他的昵称一样。这些设计向耐克的传统致敬，同时拥抱未来主义风格，Air Yeezy 1和2立即确立了坎耶·维斯特作为前卫设计师的地位。锐利的美学和稀缺性，再加上这位说唱歌手的人气和巧妙的社交媒体营销技巧，造就了空前的成功。但他与耐克的关系由于这位艺术家想要特许权以外的版税变得紧张。阿迪达斯为他提供了这一点以及更大的创意自由度。

2013年，这位说唱歌手离开了耐克，并与其竞争对手阿迪达斯推出了合作系列椰子。他等待了将近两年才推出他的第一款球鞋750——直接

继承了他以前的创作。当这款球鞋首次亮相时，在社交媒体上受到了嘲笑，但却在几秒内售罄。随后推出的350至700型号同样走俏，还有Slide，这些款式都被球鞋发烧友们认为是经典之作。椰子系列的新品不断推出，2021年该品牌价值30亿美元——但在接下来的一年泡沫破裂了。

左上图：
坎耶·维斯特在2015年纽约时装周上展示椰子Season 2系列。

右上图：
独特的、未来感十足的椰子 NSLTD靴。

下图：
2020年第92届奥斯卡颁奖礼后，坎耶·维斯特在名利场举办的派对上的肖像照片。

TIPS 尽管与阿迪达斯解约可能表明另一种情况，但坎耶·维斯特一次又一次地证明自己是一个有远见的企业家和有巧思的设计师。当耐克拒绝按专业运动员给他支付版税时，他离开了，声称自己是"第一位嘻哈设计师"，并辩称互联网时代的音乐人必须将自己定位为明星，以实现收入多样化。

椰子

经典

2015

阿迪达斯椰子 Boost 750

　　这是坎耶·维斯特与阿迪达斯合作推出的第一款球鞋。从新颖的美学、极简的色彩到高品质的材料，都能看出坎耶·维斯特的风格。

2015

阿迪达斯椰子 Boost 350

　　椰子历史上最畅销的产品，已经推出了多个版本。这款低帮球鞋因其独特的形状拥有很高的辨识度，采用了Primeknit（译注：一种无缝编织技术）编织鞋面和细节处理的减震大底。

款式

2017
阿迪达斯
椰子
Boost 700

　　这双由坎耶·维斯特的品牌推出的经典"老爹鞋"再获成功。优雅的鞋身轮廓配有厚实的鞋底，采用多种技术提高了舒适度。经多次重新发售的经典"Wave Runner"初代配色仍然是最具代表性的。

2018
阿迪达斯
椰子
Boost 500

　　这款500混合了跑鞋和老爹鞋的特点，其厚实的鞋底给人留下深刻印象，这也是坎耶·维斯特大胆创意方法的另一个体现。

2019
阿迪达斯
椰子
Slide

　　乍看就是一双普通凉拖，但其中韵含时尚元素。极受欢迎的椰子Slide拖鞋具有独特的设计特色，如凹凸鞋底和单件EVA结构。

发展，各自创立了自己的品牌：阿道夫创建了阿迪达斯，而鲁道夫则创立了鲁达（Ruda），很快改名为彪马，这是一个更容易记忆且具有引人遐想标识的品牌。

公司很快走红：从1948年成立开始，公司的Atom足球鞋就开始登上最负盛名的运动场地。在20世纪50年代，彪马以其猫科动物形象的品牌标识和鞋侧面带有的波浪标志而闻名，发布了几款非常成功的足球鞋，如Brasil和King——这些鞋款曾经由球王贝利（Pelé）穿着，并且在田径赛道上与其宿敌一较高下。

1968年，托米·史密斯（Tommie Smith）于墨西哥城奥运会上在男子200米赛跑的胜利颁奖台上举起拳头抗议的举动使得彪马的Suede鞋

彪马：

款受到广泛关注，它后来成为公司的经典款。

五年后为NBA明星沃尔特·弗雷泽（Walt Frazier）改良而衍生出彪马的另一款经典鞋型——Clyde。这两种风格很快被新兴的嘻哈群体所接纳，并成为一种生活方式和文化转变的一部分。

在20世纪90年代，彪马巧妙回应了跑步热潮，推出了杰出的减震系统（Trinomic）和自动鞋带系统（Disc技术），并在1998年与吉尔·桑达开展了高级时尚合作。但该品牌在21

彪马是1948年由鲁道夫·达斯勒创建的品牌，是极具辨识度的运动服装制造商。虽然它可能没有生产出最受追捧的球鞋，但这个以猎豹跃起为标志的品牌的确有几个经典鞋款。

彪马是在达斯勒兄弟间众所周知的冲突之后创立的。在1924年共同创立了一个成功的运动鞋工厂之后，阿道夫和鲁道夫在1948年分开

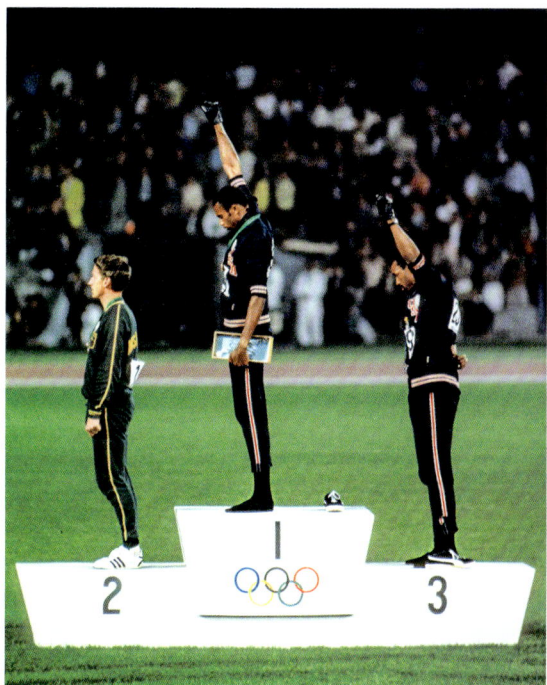

世纪初兴起的生活方式市场中失去了优势。虽然它已经落后于限量版球鞋市场，但通过在高水平运动中的赞助支持，彪马仍然成功地保持了其作为最盈利的装备制造商之一的地位。

左图：

20世纪60年代的鲁道夫·达斯勒肖像。

右图：

Suede创作于1968年，成为最具影响力的体育历史时刻之一。托米·史密斯举起的拳头使它成为反抗的象征。

下图：

彪马Clyde的广告，是Suede的新版本，为沃尔特·"克莱德"·弗雷泽（Walter "Clyde" Frazier）设计，他是第一个拥有以自己名字命名的鞋子的篮球运动员，在迈克尔·乔丹之前十年就有了自己的鞋款。

勇者无惧

TIPS 在自创建以来的激烈竞争中，彪马和阿迪达斯原本有一个机会可以和解：在 1970 年世界杯足球赛前，这一对竞争对手同意远离巴西球星贝利，以避免天价的赞助投标。但彪马打破了"贝利协定"：球员在比赛中穿着一双 King 足球鞋，并通过重新系鞋带的策略展示。

CLYDE

Walt "Clyde" Frazier

Clydes. The essence of cool.
Inspired by basketball legend
Walt Frazier, these suedes let you
play it cool, both on and off the
court. And the choice of
color combinations is
virtually endless.

PUMA

PUMA
Our word for quality.

彪马

经

1968

Suede

　　彪马最著名的经典产品在1968年奥运会跑道上以Crack之名首次亮相，随着托米·史密斯举起拳头的一幕，立即成为众人关注的焦点。这一品牌随后因其标志性的Suede（指的是麂皮制成的鞋面）而传奇化，这个名称是后来改称的，特别是在20世纪80年代，当街舞文化兴起，他们纷纷穿上这款鞋，使其名声大噪。

1973

Clyde

　　这款以篮球运动员沃尔特·"克莱德"·弗雷泽命名的鞋子是基于Suede设计的。除了厚度更薄的鞋底和更低的鞋口外，设计基本相同。像它的前身一样，这款鞋成了嘻哈社区的固定品牌，并成了一个不朽的时尚必备品。

典款式

1986

RS

　　彪马的RS系列现在是该品牌的主打产品线。该系列的设计以20世纪80年代开发的跑步系统技术命名，是新潮、复古未来主义的象征。

1989

R698

　　R698是第一款采用Tri-nomic缓震技术的款式，其特殊六边形网格可以更好地控制运动，自1989年发布以来就受到跑步者的喜爱。这种时尚的跑鞋也曾成为品牌合作的焦点，尤其是与Kith创始人罗尼·菲格（Ronnie Fieg）的合作。

1993

Disc Blaze

　　Disc Blaze系列于1993年推出，采用彪马新的Disc自动系鞋带技术，将鞋带替换为一个可旋转的磁盘。这种将创新技术和坚固设计结合在一起的搭配在当时造成了深刻影响。

锐步成立于19世纪后期的英国，是最早的领先运动装备制造商之一。虽然在签约代言上稍显逊色，但得益于它永恒经典的鞋款，在运动鞋领域仍然是一个稳妥之选。

锐步成立于1958年，但该公司的历史可以追溯得更远：早在1895年，这个品牌就以福斯特&儿子（J. W. Foster & Sons）的名义在英格兰的博尔顿注册，由其同名创始人约瑟夫·福斯特命名，这使其成为运动装备巨头中最古老的品牌。最初，这家公司专门制作手工钉鞋，用于田径赛跑。由于质量非常出色，以至于在1924年巴黎奥运会上，最优秀的赛跑运动员都穿着它们参赛。

锐步：另类先锋

锐步（Reebok，一个南非羚羊物种的名字）的名称于1958年被采用，当时该公司准备扩展到国际市场。该制造商在大型美国市场中占据一定的份额，但并不构成对领先品牌的挑战。在20世纪80年代，该公司做出了多元化的有利选择。

锐步通过Freestyle系列赢得了蓬勃发展的有氧健身市场，这是首款专为女性设计的球鞋，于1982年发布，并引入了后来成为经典的多功能设计。NPC、Classic Leather、Workout和Club C都是在20世纪80年代早期推出的。同时，该公司还采用了其著名的Vector图标，并开发了具有充气垫技术的革命性泵装置，提供个性化贴合度。

这使该品牌在篮球和网球市场上占据了重要地位，也让锐步成为当时世界上最大的运动服装制造商。

随后由于被耐克超越，锐步开始走下坡路，最终于2005年以30亿美元以上的价格被阿迪达斯收购。在"三道杠"的领导下，该品牌逐渐将重心放回健身领域，并重新发行了经典款式，同时与唯特萌（Vetements）、梅森·马丁·马吉拉（Maison Margiela）、皮埃尔·莫斯（Pyer Moss）和宫殿（Palace）等著名品牌合作推出限量版。在2022年被美国ABG集团（Authentic Brands Group）收购后，锐步可能会在未来几年走向新方向。

REEBOK REEBOK REEBO

NO OTHER SNEAKER COMES WITH THESE PERFORMANCE FEATURES.

Support
Most accurately described as relentless, since we continually invest millions of dollars in advertising that runs in the most popular magazines in support of the three key selling seasons.

Quality Materials Throughout
Not only in our advertising, but in a complete marketing approach that's unrivaled in the industry for its comprehensive and cohesive extension into quality merchandising programs and flexible point-of-sale materials.

Toe To Toe
Put them toe-to-toe with any other so-called classic white sneaker and the results speak for themselves. Reebok® Classic sneakers outsell all other brands in this category.

Long Lasting Soul
The soul of this company is athletic heritage. Since the late 1800's Reebok has been making athletic shoes for the world's best athletes. Reebok® Classic sneakers are descended from a history rich in sports, athletes and competition.

Solid Grip
No other sneaker has a grip on consumers like Reebok® Classic. For over 10 years they've not only attracted new customers, but brought old customers back, year after year after year.

Reebok Classic. Never gets old.™

Reebok CLASSIC

左图：
锐步首席执行官保罗·费尔曼（Paul Fireman）的肖像，1992年。自1984年从乔·福斯特（Joe Foster）手中购得该品牌以来，这位美国企业家在使其成为运动服装领导者方面作出了重要贡献。

上图：
锐步 Classic，由经典的羊皮革制成，于1983年推出，成为该品牌最具标志性的设计。

下图：
锐步 DMX 10的广告，这是一款1997年创建的标志性款式。DMX的一个主要新功能是气囊鞋底——一项专利技术创新，可确保出色的缓冲和更好的稳定性。

TIPS
锐步本可以是第一个发布由坎耶·维斯特设计的椰子的品牌。在2004年，这位说唱歌手通过他的朋友 Jay-Z 与锐步结识，并为他们设计了一款名为 Mascotte Trainer 的新型鞋子。但结果不尽如人意：据参与该项目并与坎耶·维斯特关系密切的一位人士透露，锐步在没有得到他的授权下就推出了这款鞋，引发了艺术家的愤怒和投诉。这款鞋从货架上被撤回，锐步用一张支票结束了这段原本可能获利丰厚的合作。

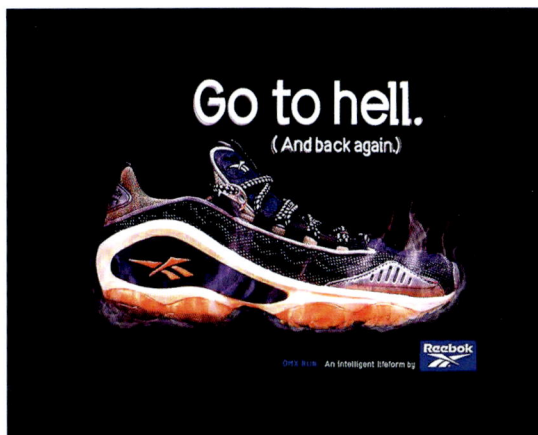

Go to hell.
(And back again.)

锐步经典

1982
Freestyle

　　锐步最成功的鞋款之一，在20世纪80年代健身风潮中确立了该品牌的先驱地位。在其巅峰时期，这款第一双专为女性设计、用于室内运动的球鞋占据了该品牌总球鞋销售额的一半。

1983
Classic Leather

　　锐步具有代表性的Classic Leather鞋型于1983年作为跑步鞋推出，但很快就成了休闲穿着的代名词。由于其时尚而简洁的外观、高品质的材料和亲民的价格，它被许多亚文化所采纳，并成了一款畅销的主流球鞋和真正的不朽经典。

款式

1992
Aztrek

Aztrek是20世纪90年代跑步鞋的原型，甚至可以与耐克Air Max竞争。因此，设计师克里斯蒂安·特雷瑟（Christian Tresser）后来被耐克聘请设计Air Max 97也就不足为奇了。结合新技术和时尚风格，自2018年以来，Aztrek由于"老爹鞋"潮流而得到了真正的复兴。

1986
Club C

锐步的另一款畅销鞋款是1986年为网球运动员设计的Club C。Club C的设计思路与Classic相似，并与其前身具有相似之处——线条简洁、外观干净、价格亲民——也是另一款经典鞋款。

1989
Pump

为对抗竞争对手的技术攻势，锐步在1989年推出了Pump。它以充气按钮系统命名，可以在舌头上轻按按钮膨胀气垫，提供个性化的舒适度，立即取得了成功。Pump技术既个性又具有革命性，此后出现在很多款式上，包括目前是该品牌合作首选的Instapump Fury鞋款。

Non-Skid于1917年专为篮球设计，由帆布鞋面和橡胶鞋底构成。三年后，它更名为All Star。1934年，篮球运动员查克·泰勒（Chuck Taylor）成为该鞋款的拥护者，并在标志性徽章标志上加入了自己的名字。Chuck Taylor All Star一直保持着近乎不变的形态，最终成为品牌历史上最畅销的球鞋。

匡威通过将其首批重大成功与运动员赞助和重大事件相结合来主导市场：到20世纪50年代末，匡威占据了美国球鞋市场的80%的份额，90%的职业篮球运动员穿着该品牌的产品。大约在这个时候，All Star成为一种时尚现象。流行文化和反文化的最伟大的偶像——猫王（Elvis）、

匡威：

詹姆士·迪恩（James Dean）、米克·贾格尔（Mick Jagger）、库尔特·科本（Kurt Cobain）都穿着这款球鞋，备受青少年欢迎。

作为美国生活方式的象征与标志，匡威也未能免于萧条。在20世纪80年代篮球场上的辉煌时期之后，该品牌于2001年申请了破产保护。最终，它被耐克收购，耐克运用其成熟的方法将其现代化，通过一系列重新发行产品和与诸如川久保玲（Comme des Garçons）、拟白（Off-White）和Golf le Fleur等品牌的合作来进行更新——正是这些措施让传奇的Chuck Taylor All Star球鞋得以再次持续其辉煌并熠熠生辉。

匡威品牌创立于1908年，是最早一批运动服装制造商之一。该公司的历史与其终极经典鞋款Chuck Taylor密不可分，这个鞋款从球场上的明星到成为横跨几代人的文化现象。

传说匡威的诞生源于一次意外事故。当马奎斯·米尔斯·康弗斯（Marquis Mills Converse）在楼梯上摔倒后，他决定创造一种防滑鞋。他于1908年在美国马萨诸塞州的莫尔登成立了自己的公司，并最初销售带有橡胶鞋底的内衬靴子。1915年，该公司开始生产球鞋。

Made by Lewis Hughes-Batley

Made by Andrea Penaranda

经典之选

左上图：

埃尔文·约翰逊（Earvin "Magic" Johnson）和拉里·伯德（Larry Bird），1984年。匡威大使和NBA对手，在凯尔特人队和湖人队比赛的背景下展开了竞争，并极大地推动了NBA的普及。

右上左右两图：

来自匡威于2015年推出的广告系列"Made by You"，以庆祝来自世界各地的Chuck Taylor All Star的传奇粉丝们。

右下图：

一个于1985年在美国发布的广告，宣布推出一系列新的Chuck Taylor All Stars。

LIMOUSINES FOR YOUR FEET.

Converse All Stars.® The original canvas high tops and oxfords in eighteen fun and flashy colors and prints for people who want to go places in style.

CONVERSE
Reach for the star.

TIPS

自该款鞋型推出以来，至2014年已售出10亿多双Chuck Taylor All Stars。在2015年，该品牌声称销售了1亿双，即每天销售27万双，也就是每秒卖出3双鞋！匡威的这款经典鞋型是迄今为止最畅销的球鞋。

匡威经典

1917
Chuck Taylor All Star

Chuck Taylor All Star于1917年作为Non-Skid（译注：意为"不打滑"）推出，百年间经历了时代的变迁，其帆布鞋面没有一丝皱纹，橡胶鞋底也没有一道划痕。这个标志性设计不仅成为匡威的象征，而且深受青年和老年一代的喜爱。现在它有多种高、低帮版本可供选择。

1935
Jack Purcell

杰克·普塞尔（Jack Purcell）这个名字来源于1935年为另一品牌设计这款鞋款的羽毛球运动员。直到1972年，当匡威公司购买了这一商标后，Jack Purcell才加入匡威的产品目录中。在材质和设计上都与Chuck Taylor相似，但增加了一处笑脸状的鞋头装饰，它如今也是一款经典鞋型。

款式

1974

One Star

　　为了与阿迪达斯和彪马竞争，以及面对他们使用的优质材料优于帆布面料的局面，匡威在1974年推出了One Star。虽然在球场上很快被Pro Leather所取代，但这双中央星标的鞋型，在20世纪90年代掀起的嬉皮士和滑板文化中变成传奇。

1976

Pro Leather

　　Pro Leather鞋款在1976年作为匡威的高端篮球鞋面市，这款高帮鞋以标志性的人字形图案著称，深受当时著名的NBA球星们的喜爱。在20世纪80年代，它被更多的新型鞋款取代，但随后被嘻哈和滑板社群重新带回时尚圈。

2019

Run Star Hike

　　这款匡威鞋款现今在街头很常见。这是匡威与J.W.安德森（J.W. Anderson）合作设计的Chuck Taylor改版，Run Star Hike具有经典帆布鞋面、高大的中底和齿状外底，后跟处有用星形点缀的标志。这是时尚与经典的完美结合。

新百伦：

作为全球领先的运动服装制造商，新百伦塑造了一个独特的形象。凭借与跑步运动的历史渊源以及对功能性和品质的高度重视，这个品牌具有广泛的吸引力。

球鞋的故事往往始于一个轶事，新百伦是由一位观察鸡群的男子从中得到启发而创立的。正是注意到它们完美的平衡能力，足病医生威廉·J.莱里（William J. Riley）想到创造出一种仿效鸡爪三指支撑点的鞋垫，"new balance"这个词即成了该品牌的名字。这家公司于1906年在波士顿正式成立，销售可以支撑足弓的产品。

1938年，新百伦为当地一个跑步俱乐部开发了第一款跑步鞋。接下来的十年中，随着产品范围扩展到棒球、网球和拳击等不同领域，该公司通过拒绝赞助运动员而使自己与竞争对手区别开来。它更希望被人出于信仰而选择。20世纪60年代，新百伦通过其Trackster型号——第一款可提供不同宽度选项的运动鞋，吸引了相当数量的运动员。

此前该公司一直依靠六人制生产团队的手工制作。但1972年，新百伦随着其现任所有者吉姆·戴维斯（Jim Davis）的到来而扩大规模。新百伦开始在全球范围内出口，并以320型号建立了声誉——这是第一款采用中心放置"N"标志

据球鞋媒体称，新百伦赢得了2020年和2021年的球鞋市场。虽然其营业额仅排名全球第四，但新百伦通过重新发布其档案中的款式和具有强烈设计风格的原创产品，以及与Kith、卡撒天娇（Casablanca）、JJJJound、萨拉赫·本布瑞（Slahe Bembury）和Aimé Leon Dore等一流协作伙伴的合作，挑战了耐克在球鞋爱好者心中的地位。

左图：
在1938年"红色赛道"Reddish Road，比赛中，波士顿跑步俱乐部Brown Bag Harriers的成员丹·麦可布里奇（Dan MacBride）穿着第一双新百伦球鞋。这款鞋型由袋鼠皮制成，其特点是耐用和轻盈。

右上图：
新百伦 Arch store的第一家店位于马萨诸塞州剑桥市2402号。

右下图：
自1976年新百伦320推出以来，该品牌所有鞋款上都有著名的"N"标志。

长跑专属

的型号。然后在20世纪80年代，当该公司成为公认的性能跑鞋专家时，新型号开始变得多样化。

该品牌逐渐在生活方式类别中受到欢迎，并成为以史蒂夫·乔布斯（Steve Jobs）为代表的佛系风格的象征。自21世纪中期以来，新百伦的限量版产品也吸引了篮球鞋爱好者们的青睐。此后，他们重视新百伦对质量的坚定承诺，尤其是美国和英国制造的高端产品系列，这使新百伦在该行业与其他品牌区分开来，并取得了卓越的业绩。

新百伦

1982
新百伦
99X Series

1982年，990首次作为99X系列的第一款球鞋推出，该系列包括一切以99开头的型号，它是新百伦最具象征意义的系列。高端材料、简约设计和原始的灰色配色展现了新百伦成功的搭配。

1988
新百伦
5 Series

5系列也体现了新百伦的设计风格。1988年首次推出的574是一种技术球鞋，具有舒适性的改进，现在该系列有多种型号，仍然非常适合日常穿着。

经典款式

1989

新百伦 550

新百伦当下最大的成功之一源于这款设计，它最近从品牌的档案中被重新发掘出来。这款鞋型源于1989年，由传奇设计师史蒂文·史密斯（Steven Smith）主导，首次出现在新百伦的篮球产品目录中，当时的550并未引起多大关注。到了2020年，纽约品牌Aimé Leon Dore为这款球鞋制造了话题，并将其复古美学融入了当代时尚的经典之列。

1993

新百伦 1500

这款时尚的跑鞋是这个波士顿品牌非常畅销的产品，自1993年推出以来就一直如此。由于许多名人穿着它慢跑而流行起来，1500也是新百伦用于与其他品牌合作的第一款主要型号。

2010

新百伦 2002R

另一个复出故事：与550一样，2002R在2010年推出时遭受失败，主要是因为其高昂的价格。但与550一样，这款"老爹鞋"在2020年被打磨并通过外界合作得到复兴。自那时以来，它成了引领潮流的产品。

亚瑟士：

亚瑟士于1949年在日本神户附近成立。以其产品的高科技、高品质和为运动员研发的创新技术而闻名，这个品牌因为同样的理由吸引了众多运动鞋爱好者。

在采用亚瑟士（Asics）这个名字之前，这个日本品牌以其创始人鬼冢喜八郎的名字命名，他在1949年开始萌生生产篮球鞋的想法。他的第一双鞋因其创新的外底而引人注目，该外底采用了章鱼吸盘的灵感。随着1953年发布其跑步鞋，鬼冢的声誉也随之增长。

该品牌利用在奥林匹克运动会赞助冠军运动员，使自己成为跑步鞋专家。1964年东京奥运会为该品牌创造了新市场机会，特别是在美国，该品牌由耐克的第一代蓝丝带体育公司分销。在接下来的墨西哥城奥运会上，鬼冢推出了标志性条纹，被称为"墨西哥线"，自那时以来便一直出现在它的球鞋上。

1977年，该公司将自己重新定位为"Asics"，

这是拉丁表达式"anima sana in corpore sano"（"健全的精神在健全的身体中"）的首字母缩写。经过十年的扩展到其他运动和开发跑步领域的创新之后，1986年，该品牌的研究成果以Gel缓震技术的发布而达到顶峰，提高了减震和舒适性，该技术被添加到亚瑟士标志性款式中。GelLyte、Gel-Saga和Gel-Kayano跑步鞋是该品牌最畅销的球鞋，它们都是在20世纪90年代发布的。

在21世纪初期，亚瑟士由于昆汀·塔伦蒂诺（Quentin Tarantino）电影《杀死比尔》（Kill Bill）的宣传以及创建了一个结合了亚瑟士技术质量和设计的生活方式系列而吸引了更广泛的受众——这种结合已经成为该品牌的代表。限量版发布照顾到了其他方面，合作伙伴从Kith和帕塔（Patta）等品牌到设计师奇可·科斯塔迪诺卡（Kiko Kostadinov）。今天，亚瑟士仍是球鞋文化中的关键角色。

左图：

鬼冢喜八郎在20世纪50年代的第一家商店外。

右图：

马拉松足袜的原型，鬼冢虎第一双为马拉松而开发的鞋。该款式于1953年发布，旨在将日本传统应用于传奇的运动事件（分趾鞋是典型的日本鞋子，将大脚趾与其他脚趾分开）。

上图：

1966年春季鬼冢虎目录的封面，展示了1968年墨西哥城奥运会。它宣布了标志性的鬼冢虎 Mexico 66 的发布，这是第一个采用该品牌标志性条纹的型号。

下图：

昆汀·塔伦蒂诺2003年电影《杀死比尔》中的一幕。乌玛·瑟曼（Uma Thurman）和她的鬼冢虎 Mexico 66 迈入流行文化。

科技至上

TIPS

鬼冢虎在创造耐克公司的过程中扮演了重要角色——耐克的创始人最初就是销售鬼冢虎的产品起家的。1969 年，美国人和鬼冢虎一起设计了一款运动鞋，最终在耐克标志下进行了平行开发，而其日本合作伙伴却不知情。鬼冢虎将此案件带上法庭，最终判定两个品牌都可以销售同款鞋型，即耐克的"Cortez"和鬼冢虎的"Corsair"，这使其成了唯一一款同时成为两个不同品牌畅销的运动鞋。

亚瑟士

经

1986
GT-II

GT-II在亚瑟士的产品目录中堪称传奇：它是首款搭载了著名Gel缓震技术的设计，也是该品牌首次在国际上的发布，同时也是2004年首次品牌合作的基础。由于它简洁优雅的设计，很可能也是第一双吸引日常穿着者的鞋。

1990
Gel-Lyte III

亚瑟士的旗舰款式传递了该品牌的理念。Gel-Lyte于1990年被设计出来，目的是为跑者提供最大的轻盈感，它的非典型设计给人留下了深刻印象，尤其是其标志性的分叉鞋舌。从那时起这款运动鞋就成了品牌合作伙伴们最偏爱的款式。

典款式

2015

Gel-Quantum

Quantum是亚瑟士最新发布的产品，也是非常受欢迎的产品。作为一款性能球鞋，Quantum首次采用可见Gel缓震技术，这是对寻求大胆设计的消费者需求的理想回应。

1991

Gel-Saga

Saga于1991年推出，是Gel-Lyte III之后推出的款式，以北欧女神命名，有效地结合了性能和美学。该款式干净的线条吸引了广泛的受众，使其成为亚瑟士最畅销的产品之一。

1993

Gel-Kayano

Kayano于1993年推出，比其前作Saga更不寻常。作为一款性能跑鞋，旨在在长距离比赛中最大限度地提高舒适性和保护性。这款球鞋的动态曲线也使其成为流行街头服装的基本款式，其许多版本都很受欢迎。

万斯：

利福尼亚州安那罕市创立。他们想制作高品质、平价的帆布鞋，而不久后，他们就以第一双鞋子#44（后来被称为Authentic）打响了名声。当地骑手因其坚固性和防滑性非常喜欢这款鞋。

　　随着滑板文化的兴起，加利福尼亚州成了其中心。万斯拥抱了这股潮流，并随着运动的普及而扩大了规模。在20世纪70年代，追随者人数增加，该品牌为他们设计的球鞋至今仍是其最具标志性的产品。从Era到Old Skool再到Sk8-Hi，每款鞋子都有改进，以适应滑板运动，并具有现在熟悉的标志性设计元素，如鞋两侧的爵士条纹和"Off the Wall"标志。

　　虽然它是在1977年推出的，但五年后电影《快乐时光》（*Fast Times at Ridgemont High*）的发布将Slip-On推向了新的高度。肖恩·潘（Sean Penn）穿着Checkerboard版本，使这款鞋子成了全球性现象。但是出色的销售额却无法弥补公司广泛而冒险的投资，万斯于1984年破产。该品牌多次易手，直到威富公司（VF Corporation）在2004年带来了稳定的前景和新思路。

　　万斯被各种音乐亚文化所采用，从朋克到摇滚再到嘻哈音乐，这些亚文化欣赏该品牌的许多设计和图案。因此，该公司增加了具有文

　　万斯并不是一家专门的运动服装制造商，但品牌在该领域占有一席之地。从其在滑板文化中的成功到其在音乐世界中的渗透，这个加利福尼亚品牌是拥有着无比丰富的球鞋历史的品牌。

万斯由保罗（Paul）和詹姆斯·范多伦（James VanDoren）兄弟于1966年在美国加

化意义的特别版生产。像辛普森（Simpsons）一样的流行人物、艺术家、品牌甚至高级时装品牌如凯卓（Kenzo）和川久保玲都与该品牌签署了合作协议，品牌现在已经牢固地扎根于球鞋文化，并受到广泛的关注。

街头时尚

TIPS

万斯是定制的先驱，这是当今非常流行的现象。该品牌的创始人最初的信条是定制生产，他们让第一批客户选择颜色和面料。鞋子会在当天制作并以 2.29 美元至 4.49 美元的价格出售。

左图：
万斯 Sk8-Hi于1978年发布，是第一款高帮滑板鞋。这种新设计旨在更好地保护脚踝，因为脚踝特别容易暴露和受伤。

上图：
2019年在新西兰主要滑板赛事之一Mangawhai Bowl Jam拍摄的照片。

下图：
肖恩·潘1982年上映的电影《快乐时光》（*Fast Times at Ridgemont High*）中的一个镜头。这部电影对普及万斯 Slip-On及其棋盘格图案起了重要作用。

79

万斯
经典款

1966
Authentic

Authentic于1966年以#44的身份发布，是万斯开发的第一款球鞋。这款鞋子设计简单、干净，帆布材质的鞋面和坚固的橡胶鞋底，很快被加利福尼亚州的滑板手们所接受，并且至今仍然很受欢迎。

1976
Era

Era于1976年以#95的身份发布，显然是为滑板手而设计的。它是与滑板手托尼·阿尔瓦（Tony Alva）和斯特西·帕利特（Stacy Peralta）合作设计的，他们修改了Authentic，使其在板上更加高效，特别是增加了一个软垫圈。这种款式几十年来一直保持着成功。

式

1977
Old Skool

尽管它的名字是Old Skool，但它在1977年发布时具有重大创新：它是第一个采用皮革细节以增加耐用性的万斯设计，最重要的是它是第一个采用爵士条纹的设计。这是一种在鞋子侧面形成对比的带子，已成为该品牌的标识。

1977
Slip-on

毫无疑问，这是最具标志性的万斯球鞋。Slip-On于1977年推出，是一种休闲、无系带的鞋型。肖恩·潘在《快乐时光》中穿着这款球鞋的棋盘格版本后使之成为全球热门。

1978
Sk8-Hi

Sk8-Hi于1978年发布，再次响应滑板手们的需求。高帮设计覆盖了最容易受伤的脚踝，迅速受到滑板手们的欢迎。它也作为日常鞋获得了第二次生命。

其他

球鞋不仅仅是大牌的代名词。无论是小型制造商还是相关领域的品牌，许多品牌在球鞋文化领域崭露头角。以下是一份简要的值得关注的名单。

索康尼
（Saucony）

这家历史悠久的球鞋制造商成立于1898年，总部位于美国。在20世纪70年代和80年代，该品牌以生产高质量的跑步鞋而闻名。近几个季度，这个以限量版著称的品牌在生活方式市场上得到了复兴。

美津浓
（Mizuno）

日本领先的运动服装制造商美津浓自1906年成立以来，在体育运动方面拥有丰富的历史。该品牌在球鞋市场上也声名鹊起，推出了像Sky Medal跑步鞋和前卫设计。

斐乐
（Fila）

是一家意大利运动服装品牌，成立于1911年，经历了多次变革，从内衣专家到网球明星赞助商再到以其Fitness系列为主流的嘻哈品牌。斐乐在消失一段时间后，在最近几个季度中凭借其生活方式球鞋和与时尚偶像的合作再次崛起。

品牌

萨洛蒙
（Salomon）

这个品牌于1947年在法国安纳西创立，最初专注于滑雪，后来转向越野跑步。它经常通过合作提升影响力，现在已经受到非常多时尚界人士的欢迎。

迪亚多纳
（Diadora）

是另一家意大利品牌，成立于1948年，在足球领域早期就声名鹊起。如今，该品牌以其优雅、高端的跑步鞋备受收藏家青睐，而这些跑步鞋经常是合作款。

安逸猿
（Bape）

日本街头时尚品牌安逸猿由设计师长尾智明（Nigo）于1993年创立，在球鞋文化中掀起了波澜，推出了Bape Sta：一款深受Nike Air Force 1启发的低帮鞋款。时尚的流行色彩使它本身成了经典。

奢侈品

　　虽然这些品牌曾经对球鞋"不屑一顾",但当球鞋在20世纪80年代爆发时,它们终于拥抱了这一趋势。现在,每个品牌都提供自己的球鞋设计,并以前卫的设计激励了整个行业。以下是一些奢侈品牌在球鞋市场上的表现。

巴黎世家
(Balenciaga)

　　当下最具影响力的品牌巴黎世家在球鞋市场上有着不可否认的声望。从Runner到Speed再到代表厚底运动鞋潮流的Triple S——该品牌的每一款鞋型都比前一款更加饱满、奢华,而且都极其受欢迎。

古驰
(Gucci)

　　这个意大利品牌是奢侈球鞋市场的先驱。卡尔·拉格斐(Karl Lagerfeld)在克洛伊(Chloé)时装秀上为这一概念铺平了道路,但真正推出这一概念的是1984年的Tennis。从那时起,该品牌一直非常活跃,它的Rhyton系列尤其受欢迎。

路易威登
(Louis Vuitton)

　　该品牌最初以令人印象深刻的Archlight型号为人所知,但是路易威登真正转变方向是在维吉尔·阿布洛(Virgil Abloh)的带领下。从2018年到他去世的2021年末,这位设计师极大地扩展了这个法国品牌的产品线,从滑板、跑步、徒步旅行到篮球,备受瞩目的LV Trainer也是如此。

竞争者

迪奥
（Dior）

　　酩悦·轩尼诗–路易·威登集团（LVMH集团）旗下的另一个先锋品牌在球鞋市场上也不甘示弱。迪奥在金·琼斯（Kim Jones）的领导下也显著地扩展了其产品线，金·琼斯是一位受街头文化启发的艺术总监。他极为成功的B23赢得了大量不经常购买奢侈品的消费者，而他与乔丹合作也不会被遗忘。

梅森·马丁·马吉拉
（Maison Margiela）

　　通过与锐步长期合作，马吉拉将他标志性的Tabi分趾鞋变成了球鞋。他还通过自己的设计影响了整个行业：他的Replica——德国军队20世纪70年代穿着的一款球鞋复制品——在20世纪90年代推出后成为经典，并启发了一系列极简主义鞋型。

亚历山大·麦昆
（Alexander McQueen）

　　没有亚历山大·麦昆（Alexander McQueen）这位已故英国设计师设计的球鞋，任何清单都不会完整。斯坦·史密斯（Stan Smith）超大号运动鞋多年来一直是非常受欢迎的高级时尚球鞋。

理性
在激情面前消失了

对话埃利·科斯塔
（Elie Costa，球鞋收藏家）

球鞋可以变成一种令人全身心投入的热情，甚至会让人收集成癖。但这是为什么呢？埃利·科斯塔是欧洲最大的耐克SB Dunk收藏者之一，他给出了自己的理由——这些理由往往超过了理性。

你对球鞋的热情从何而来，又是如何培养到成为收藏家的地步的？

就我而言，这份热爱并不是通过体育活动培养出来的。我对运动鞋的兴趣纯粹是因为它们的美学设计。我记得2001年的第一次心动，我恳求父母给我买一双耐克Air Max International。然后在2002年，班上的一个家伙拥有的Air Max Plus让我大为震撼——那是一双灰色的"鲨鱼款"，搭配橙色的对勾和奶油色的鞋底，我觉得非常美。我们在课间休息时交换鞋穿，他穿着我的锐步经典款踢足球，而我则炫耀着他的耐克鞋。后来在Foot Locker门店里，我又一次当着我妈的面发了脾气，最终得到了我的第一双球鞋。当时我对鞋子一无所知，但是有了"鲨鱼款"之后，我开始投入其中。我很幸运能够早期接触互联网，在输入一些关键词后，我偶然发现了一个叫作Rekins的论坛，该论坛只讨论Air Max Plus。在那里，我遇到了其他粉丝，并得到了学习的机会。从那时起，我便开始买、买、买——从2002年到2006年，我只买"鲨鱼款"。我穿过最早买的几双，但不久我就养成了"一双穿，一双藏"的坏毛病。后来Sneakers网站上

线，我遇到了新朋友，并开始对其他款式感兴趣，比如乔丹和耐克SB Dunk，而现在我作为这些款式的收藏家也已经小有名气了。

Air Max Plus、Jordan、SB Dunk——这些都是非常不同的款式。是什么吸引你去选择某些鞋子而不是其他鞋子？稀缺性、价值或美学再次成为主要因素吗？

美学。当我认为一双鞋很美时，我就会买下它。无论炒作、零售价值，甚至品牌，即使我对耐克有特殊的喜爱，也不会影响我的决定。我有很多没有人喜欢的鞋子，但我喜欢它们。这不是竞争。我不是为了别人，也不是为了社交媒体而这样做。我这样做是因为它让我快乐。早在2012年，我就有了一个详细的愿望清单。我与我的联系人分享了我的购买稀有鞋子的愿望，这些鞋子已经很贵了，在当时的背景下，他们认为我疯了。但每个收藏背后都有一个目的——渴望知识、渴望积累。

"当我觉得一双鞋好看的时候，我就会买下来。"

顺便问一下，你是如何扩充你的收藏的？现在你的收藏在哪里？

就在我们讲话的这个时候，我已经收藏了三百双鞋了。如果我一直保留所有的鞋子，那么我会有六七百双鞋子。早期我面临着财务限制，所以我不得不做出让步，我认为这是真正的权衡。我卖掉了一些鞋子来买其他的鞋子。为了得到耐克SB Dunk Paris和Pigeon by City Pack，我放弃了96双Air Max Plus。有

时候我会后悔，为了抓住一个机会。但这就是我能够获得超级稀有SB Dunks的方式，除了City Pack本身外，还有Dunk × Michael Lau Friends & Family（全球只有24双）、Dunk × Stash（50双）、Dunk Freddy Krueger等。而且我很幸运，很多好机会都出现了。俗话说"天时、地利、人和"，这是一个可以精准描述我如何获得这些鞋子的好说法。我用一些非常疯狂的方式得到了它们：向一个陌生人支付四位数现金，在一个未公开地点与他见面；在照片墙上与一个亚洲人交易……我本来很容易被骗！但是，在激情面前理性消失了。让我告诉你它对我的影响有多大：我多租了一个房间来存放我的鞋子。这不是一个人失去理智的证明吗？毫无疑问——收藏家们都有某种疯狂的特性。

"这是一个游戏：你买，买，买。我经常会重新发现我拥有的鞋子已经超过十年了，这些鞋子可能价值不菲。"

作为一个收藏家和爱好者，你是如何决定哪些鞋子要穿或保留的？

如果我有机会能够购买两双甚至三双同一款鞋子，这根本就不是问题。否则，这取决于我要付多少钱。在当前市场上，稀有的鞋子意味着价格昂贵。我已经到了这样一个地步：如果我花很多钱买一双球鞋，我就不会穿它们，因为我会害怕损坏它们。这有点自虐，因为你花了那么多钱买一件你永远不会享受到的东西。你买了这双

鞋子，它就待在盒子里。这个盒子在我的房子里，叠在一个盒子上，再叠在另一个盒子上。我是一个强迫症收藏家。我曾经买过一双我崇拜的鞋子，打开盒子，觉得"很酷"，关上盒子，然后便放在一堆鞋子里。结果两年后我整理收藏时才想起来这双鞋！你会陷入消费陷阱，成为受害者。"这是一个游戏：你买、买、买。"我经常会重新发现我拥有的鞋子已经超过十年了，这些鞋子可能价值不菲。当然，我也有阶段性的爱好。例如，现在我不太穿迪亚多纳（Diadora）了。经过思考，我决定不再穿它们了，那个品牌对我越来越没吸引力了，这将是我接下来要卖的鞋子。它们占用空间，是闲置资金，所以我可以把它们回收换成新的鞋子——这是一个恶性循环。

你有没有计算过你的收藏价值，有没有被诱惑出售呢？

在过去的几年里，我一直在记录我所有的藏品。对于每个款式，我列出了日期、购买价格和名称，并附上了照片。我现在就好比坐在一小笔财富上。如果我以最近拍卖会上这个系列的最低价格——82000欧元出售我的SB Dunk Paris，我将一次性收获我的所有收藏——三百双鞋子的金额。如果我出售我的整个City Pack系列和一些更稀有的鞋子，如SB Dunk Iron Maiden、Michael Lau和Freddy Krueger，我甚至可以买一个漂亮的公寓。我已经考虑过这个问题，因为这个游戏带来的挫败感，我不再沉浸其中，我已经到了一个优先级不同的年龄。它需要空间、金钱和时间。如

完整的传奇城市系列套装。这是由耐克的滑板部门耐克SB为了配合一场巡回展览而推出的，这个系列包含四款极为限量的Dunk鞋款，现在价值已达数万美元。从上到下分别是：耐克SB Dunk Low巴黎款（2002年），伦敦款（2004年），东京款（2004年），以及纽约"鸽子款"（2005年）。

今我参与得更少了，球鞋的发行量太多，创意不足，限量版被过度使用，购买变得非常困难。所以是的，我认真考虑过出售我的收藏，甚至扬言我会先卖掉"小"的鞋子，然后再卖掉"大"的鞋子。通过我的联系人，我很容易找到愿意购买的人，他们可以飞到世界另一端，带着现金来见我。机会已经出现过了，但我总是拒绝，因为我这样做是出于热情而不是为了赚钱。我告诉自己，我如果卖掉那些鞋子，我就再也见不到了。例如，再也无法找到SB Dunk Paris这样的鞋子了。失望的恐惧让我退缩。所以，我认为自己的生活永远会被几个新的盒子所包围。

品牌力

在2000年之初，面对越来越多的消费者更看重运动鞋的设计而非性能，品牌的经营法则发生了改变。一种针对生活方式定位的消费者群体和收藏家的社区逐渐形成，这推动了品牌将策略重心转向重新发布复古款型和生产限量版产品。这是一个充满合作、露营、互联网、社交媒体和品牌力引爆的时代。

引爆

球鞋的

大热潮

生活方式市场的出现挑战了大多数运动服装品牌的现有战略。现在，审美追求成为生产面向新客户的创新产品的重要因素，而不是功能性。限量版和独家发布成为主题。

2000年标志着球鞋行业的一个转折点。一切都取决于环境，而这个环境对于球鞋行业来说是非常有利的：宽带已经进入了大多数家庭，引发了一场革命，任何人都能够以点击的方式获得他们想要的关于任何特定主题的信息。

因为第一批博客和论坛开始出现，通过互联网，对球鞋的热情得到了形成和发展，一个分享有关新发布的知识和新闻的社区诞生了。这些发布只会不断增加。

现在品牌们意识到生活方式市场已经超过了运动市场，因此他们放慢了新款式的生产，

转而重新发布复古款式，重新采用不同的配色和材料设计历史上受欢迎的款式。与此同时，他们投资生产限量版，来满足越来越多的收藏家。这些球鞋以极少的数量发布，目的是在鞋迷中引起轰动。发布采取了不同的形式。例如，地区限定鞋只在世界某一地区或单个国家发布，以响应对特定款式的本地需求。球鞋也可能只在单个零售店发售或专门为特定节日，比如万圣节、情人节或农历新年设计，并采用相关的配色。现在，每个场合都是创造独特球鞋的机会。

寻找

然而，最具独创性的设计来自品牌之间的合作。对于品牌来说，这个概念是吸引渴望独特性的消费者的理想方式。制造商邀请合作伙伴为特定款式的创意方案作出贡献。在20世纪90年代的一系列成功合作中，吉尔·桑达×彪马，耐克×武当帮（Wu-Tang Clan），耐克×渡也淳弥（Junya Watanabe）引发了2002年的一场雪崩：阿迪达斯与设计师山本耀司推出了合作系列Y-3，耐克与设计师藤原浩以及与Atmos精品店和Supreme品牌通过其新的滑板（SB）部门进行了长期合作。

仅仅是耐克滑板部门就巩固了这种新的运

作模式。在2002年成立之时，除了设计具有前瞻性的限量版联名款式和配色，耐克滑板部门还选择将产品分销限定在精选的独立滑板店。这个决定是为了回应消费者对真实性的渴望，这说明零售业朝着更具独特性的提供方式发展。在此之前，品牌可以在大型零售店销售他们的产品，但现在他们减少了零售店的数量，并通过快闪店、受邀活动以及定制服务（如过去的Nike iD，现在的Nike By You）开发了新的零售方式。全独家和限量版球鞋的时代已经到来。

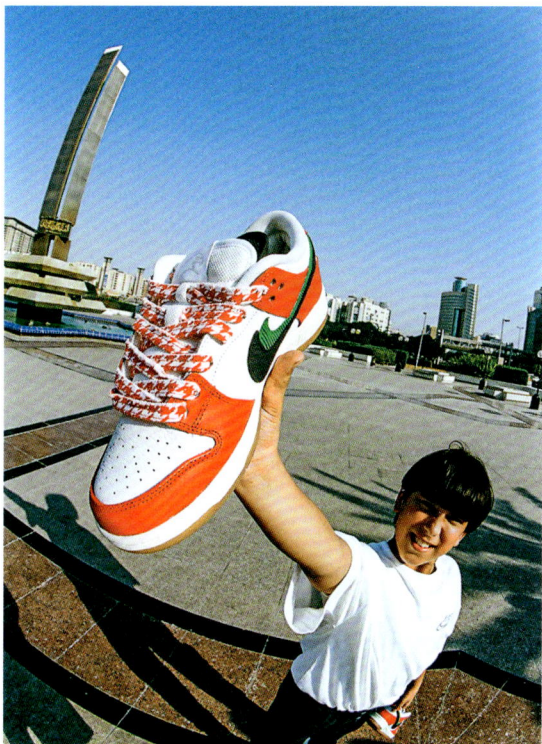

限量版

TIPS

"我们非常努力地让一切看起来毫不费力。"詹姆斯·杰比亚（James Jebbia）在032c 杂志上描述了他的品牌Supreme是如何运营的。这个纽约品牌不想做过头，也不想手头有卖不出去的产品，因此从1994年创立之初，它决定通过每周发布的方式小批量销售产品。这个决定产生了完全不同的影响：Supreme的每件作品都印上了它标志性的盒子标志，成为收藏家的收藏品。Supreme成为街头时尚的代名词，并在2017年与路易威登的合作达到高潮，而限量版的成功也为各大鞋类公司提供了教科书般的案例和灵感来源。

左图：
2020年发布的Union LA × Air Jordan 4 Off Noir，是洛杉矶店铺Union和乔丹品牌的第二个合作项目，备受追捧。

右上图：
绰号为"Habibi"的这款耐克SB Dunk，是耐克和迪拜一个滑板店Frame的合作品。这双鞋于2020年12月在阿联酋国庆日发布，目前在二手市场上售价居高不下。

右下图：
耐克Dunk 低帮和高帮黑白两色都是非常受欢迎的基础款。

合作！　合

品牌选择与其他品牌合作是引起消费者对球鞋感兴趣的最佳方式，因此合作越来越受到关注，实际上它已经成为我们现在了解的市场的基石之一。

虽然20世纪30年代查克·泰勒和匡威、斯坦·史密斯和阿迪达斯、乔丹和耐克的合作都是真正的合作，但我们今天所知道的合作是在20世纪90年代后期出现的。作为对消费者对独特产品的渴求的回应，合作通过独家发布独特

的设计和原创故事满足了球鞋爱好者的需求。

合作的范围非常广泛，既有与制造商有天然联系的零售商，也有像Foot Locker这样的运动巨头、像巴黎的Colette这样的概念店，还有一些小滑板店。随后，街头文化的主要人物，那些将球鞋视为叛逆象征的人开始成为潮流先锋：第一波是在1986年Run-DMC与阿迪达斯的合作后，然后是艺术家在2003年开始将球鞋视为艺术作品，当时耐克推出了艺术家系列，还有街头服饰品牌如安逸猿（Bape）、斯图西（Stüssy）、宫殿（Palace），当然还有Supreme，这些品牌让球鞋成为必备时尚单品。最后，还有奢侈品品牌和设计师们，虽然他们长期拒绝进军体育领域，但最终还是提供了自己的球鞋方案，并与老牌运动品牌合作。

无论是哪种合作伙伴关系，都是合作双方的双赢。制造商打入了合作伙伴的市场，同时其合作伙伴也能够触达球鞋发烧友。在追求新的消费者的过程中，品牌一举两得：合作款球鞋被标注为独特，品牌能够利用这一稀有性获得商业利润。随着球鞋逐渐走向主流，社交媒体的影响力增强，各方继续培育供需失衡的情况，增加它们的吸引力。合作成为推动基于独

作！ 合作！

特性的销售策略的完美工具，也是引发炒作的最佳方式：这个术语现在已经成为酷炫的代名词，无论是产品、品牌还是设计师，而相关的过程则是由媒体宣传引发的，这会激起强烈的激情和强迫性的消费。

二十年来，市场是如何从偶尔的合作发展成为以合作为驱动的？昨天的壁垒是如何被打破的，以至于体育用品巨头现在能够与其他领域的领导者合作，例如耐克×路易威登或阿迪达斯×古驰？这一切都是关键因素——让球鞋成为全球现象的事件，每一个都涉及一次合作。

TIPS

如今，合作是球鞋行业的重要组成部分，团结合作的参与者共同进行创意过程，但这几十年来一直被视为忌讳。达帕·丹（Dapper Dan）是一个展示了事物是如何变化的完美的例证。在 20 世纪 80 年代，这位来自哈莱姆区的设计师通过将奢侈品牌的标志放在衣服和球鞋上重新定义了其意义。他因涉嫌仿冒而被送上法庭，被迫关闭了受到说唱歌手和运动员欢迎的店铺。但他最终赢了：他的街头服饰现在成为奢侈品品牌的灵感之源，并于 2017 年与古驰合作。至于他用路易威登单色标志装饰的 Air Force 1 球鞋，在 20 世纪 80 年代的几张说唱音乐专辑封面上得到了永恒的记录，它们在 2022 年的一次耐克和法国时尚品牌的合作中得到了回响。他的故事证明了今天，一切皆有可能。

左上图：

古驰推出了与阿迪达斯的新合作，为其2022—2023年秋冬系列"Exquisite"在米兰时装周上展示。

左图：

路易威登×耐克Air Force 1于2022年发布，由设计师维吉尔·阿布洛为向嘻哈文化致敬而创作，更具体地说，是以运动早期的"盗版"为灵感。

难忘的联名

从一次性合作到长期合作，球鞋合作成百上千。以下是一些最重要的合作案例，它们影响了整个市场。

1986
耐克
× Run-DMC

阿迪达斯和纽约说唱歌手签订了制造商和非运动员之间的第一份合作协议。

1984
耐克
× Three Amigos店铺

在美国马里兰州巴尔的摩，三家店铺鼓励耐克向他们提供被停产的Air Force 1。这是制造商和零售商之间的第一次合作，也是第一款限量版球鞋。

1985
耐克
×乔丹

耐克推出了第一个运动员和制造商之间的合作系列。

合作

1996
万斯
× Supreme

街头服饰品牌Supreme首次涉足鞋类领域是与万斯合作。

1998
彪马
×吉尔·桑达

制造商和奢侈品牌之间的第一次合作包括球鞋和服装系列。

1999
耐克
× 武当派

耐克与说唱音乐的首次合作产生了这款印有纽约武当派标志的Dunk球鞋。它被发布为限量版"Friends & Family"，立即成为收藏品。

耐克
× 川久保玲

耐克的高端时尚合作从日本品牌川久保玲的设计师渡边淳弥开始。

2000

耐克 × 斯图西

耐克通过重新推出经典的Huarache款式，引入了与美国加州街头品牌斯图西的长期合作关系。

2002

阿迪达斯 × 山本耀司

这个制造商和奢侈品牌之间的第一次合作系列的持久成功奠定了高端时尚与运动服装的合作基础。

耐克 × Atmos

耐克保留了其有史以来的第一次Air Max合作给了东京店，该店的safariprint AM1成为经典。

耐克滑板分部 × Supreme

耐克的滑板分部与Supreme合作推出了一个Dunk系列，其中包括了Air Jordan 3的水泥印花。这是该分部的第一款成功之作，是收藏家的必备之一。

耐克 HTM

这个研发团队的名称源于其创始人的首字母——Fragment创始人藤原浩（Hiroshi Fujiwara）、耐克设计师汀克·哈特菲尔德（Tinker Hatfield）以及耐克CEO马克·帕克（Mark Parker）。他们通过实验来重新定义设计的边界。

2003

耐克艺术家系列

耐克的项目邀请涂鸦艺术家重新审视经典球鞋。Futura和Stash是第一批精美设计的Dunk和Air Force 1的设计师，受到收藏家的喜爱。

阿迪达斯 × 安逸猿

这个另一次与街头时尚品牌的重大合作由阿迪达斯发起。日本品牌安逸猿设计了Superstar和Superskate的限量版系列。

锐步 × Jay-Z

锐步和Jay-Z设计的S. Carter是第一款由说唱歌手设计的签名鞋，成为一大热门。

2004

阿迪达斯 ×
斯特拉·麦卡特尼

通过与知名设计师斯特拉·麦卡特尼签署了一项长期合作伙伴关系协议，"三道杠"品牌在高级时装合作市场上确认了自己的领导地位，她是第一个为女性设计运动服的知名设计师。

2005

乔丹 ×
Undefeated

乔丹系列的第一个合作是与洛杉矶零售商的合作，推出了一款灵感来自美国陆军飞行夹克的Air Jordan 4。只发布了72双，因此被广泛追捧。

2006

阿迪达斯 ×
杰瑞米·斯科特

阿迪达斯在2006年再次进军时尚界，与设计师杰瑞米·斯科特（Jeremy Scott）合作，他以其奢华别致的作品而被人们铭记，体现了当时的趣味时尚。

耐克滑板分部 ×
杰夫·斯台普

参见第102、103页。

101

杰夫·斯

耐克 Dunk Pigeon：

最初的

回展览《白色篮球鞋：标志的演变》，耐克滑板部门决定为每个主办城市制作极限版的配对篮球鞋。巴黎、东京、伦敦和纽约城的Dunk鞋款在2003年至2005年期间发布，形成了如今传奇的City Pack系列。而纽约版本的Dunk鞋款本身就是一个传奇。

对于纽约版本，耐克滑板部门与设计师杰夫·斯台普合作，他想要创造一款代表自己城市的篮球鞋。他选择了鸽子作为标志性的logo，并采用了鸟羽毛的配色。仅仅制作了150双，并分发给纽约的几家滑板店铺。杰夫·斯台普在下东区的自己的精品店里德空间（Reed Space）中保留了30双。与其他版本不同，这些鞋子都有编号，这个细节对于鞋迷来说非常重要。一些人提前四天在店外排队，在二月的严寒中耐心地等待，甚至睡在帐篷中。

在重要的发售日那天，现场一片混乱。超过150人为了这款被视为圣杯的运动鞋挤作一团。有报道称有人因为购买了这款鞋而遭到抢

这才是真正引发球鞋狂潮的原因。2005年，杰夫·斯台普（Jeff Staple）×耐克 SB Dunk Low Pigeon联名款发布，将原本只有圈内人知晓的球鞋带到聚光灯下。这当然有充分的理由：这是一场非凡的鞋款发布。

2003年，耐克公司新成立的滑板分部通过出色的创意手法使自己脱颖而出。为了配合巡

台普 × 颠覆者

劫，警察被召来恢复秩序并护送幸运的新主人们安全离开现场。人群散去后，在该地区发现了刀具和棒球棍等武器。发售后的第二天，即2005年2月23日，《纽约邮报》以"偷袭"为标题，将这一事件放在头版头条新闻上。这种前所未有的媒体关注将篮球鞋文化公之于众。耐克完全没有预料到这一点，但如果该公司曾担心负面报道，那不久之后就不用担心了。篮球鞋媒体将"鸽子鞋"的发布称为将篮球鞋狂热推向主流的转折点。除了扩大了粉丝群体外，这一款式还传达了一条信息，那就是篮球鞋可以带来利润——在发售当天，鞋子在易贝（eBay）上的售价达到了1000美元。露营变得常见，转售和假冒也变得普遍。市场效应也非常引人注目，曾经似乎无法逾越的障碍开始瓦解，篮球鞋开始吸引新的艺术家、名人和品牌。最重要的是，"鸽子鞋"加剧了对限量版的追求，品牌们希望能够复制它所产生的炒作效应。

左图：
2014年的杰夫·斯台普肖像。在参与耐克 SB Dunk Pigeon之后，这位设计师与许多品牌合作，如彪马、卡骆驰（Crocs）、贝尔罗伊（Bellroy）、奥特浦斯（Octopus）、化石（Fossil）和途明（Tumi）。

上图：
标志性的耐克 SB Dunk Pigeon。根据杰夫·斯台普的说法，鸽子完美地体现了纽约的街头心态——这种动物成功地适应并在恶劣的城市环境中茁壮成长。

TIPS

"鸽子鞋"发售后的第二天，添柏岚（Timberland）品牌的一位代表进入了杰夫·斯台普的店铺，并表示："我们也想要一场轰动！"该公司已经急于讨论一项合作——这完美地说明了这款篮球鞋对整个行业和品牌战略的影响。

2007
安逸猿 ×
Kanye West

坎耶·维斯特的第一次正式合作相当令人难忘：基于他的首张专辑《远离校园》（*The College Dropout*）设计的Bape Sta鞋款。

2008
耐克
1World

通过1World计划，耐克延续了其艺术合作伙伴关系，并邀请十几位艺术家、音乐家和其他知名人士重新演绎Air Force 1鞋款。KAWS、Clot、Michael Lau和Booba等版本成为经典。

2009
路易威登
Vuitton ×
Kanye West

参见本书第106~109页。

耐克 ×
Kanye West

参见本书第106~109页。

耐克 × Patta

耐克与荷兰店铺首次合作，推出了一款庆祝Air Max 1鞋款五周年的系列。该系列的点睛之笔是由荷兰艺术家帕拉（Parra）设计的三款收藏级鞋款。

2012

耐克 ×
Tom Sachs

这款鞋款看起来可能不起眼，但其构思使之与众不同：艺术家汤姆·萨克斯（Tom Sachs）使用美国航空航天局（NASA）开发的材料，提供了对抗各种自然元素的最大抗性——这是吸引收藏家的另一种方式。

2013

阿迪达斯 ×
Raf Simons

始终走在时尚前沿的阿迪达斯与比利时设计师合作，后者后来成为迪奥的创意总监。这次合作推出了一款瞬间走红的鞋——Ozweego，它预示着老爹鞋潮流的到来。

2015

椰子

坎耶·维斯特（Kanye West）与阿迪达斯的合作系列于2013年宣布，这款鞋子是该系列的首款作品——阿迪达斯椰子Boost 750。

坎耶·维斯特:
革命先驱

坎耶·维斯特的球鞋革命始于2009年。这位说唱歌手通过引发巨大关注的独特的营销手法，改变了这个行业的面貌，创造了前卫设计的非凡热潮。

上图:
2012年发布的耐克 Air Yeezy 2太阳红配色草图。这是坎耶·维斯特为耐克设计的第二款也是最后一款鞋。

右图:
坎耶·维斯特在2008年50届格莱美奖典礼上的表演。这位说唱歌手当时穿着耐克 Air Yeezy 1的原型鞋，该鞋于2021年以创纪录的180万美元被拍卖。

谈到维斯特，忘掉他的职业和标签吧。他一直坚称自己不只是一个音乐家，而是以最广义上的创作者来形容自己，这一点在时尚和球鞋领域展现出来。维斯特在发布他的第一张专辑《远离校园》(The College Dropout)时开始认真设计，然后在2007年与安逸猿签署了他的第一个正式合作协议。两年后，他与路易威登合作推出了球鞋系列，并与耐克签约，成为首位非运动员签约鞋类合作的人。

现在被称为Ye的维斯特既没有发明奢侈球鞋的概念，也没有开创与嘻哈艺术家的合作。但是他通过他极其成功的产品挑战了极限，尤其是通过设计：作为说唱歌手，他从晦涩的档案中采样音轨；作为设计师，维斯特借鉴多种参考，创造出像耐克 Air Yeezy 1和2这样未来主义形式的鞋款，被认为是运动和生活方式的完美融合。他

迷人而激进的审美是由他自身个性支撑的：Ye是一个能够利用自己的知名度来推广产品的热门人物。作为一个组织活动的专家，他通过在社交媒体上发布精心制作的预告片来引起公众对他设计的兴趣。再加上极为限量的发行策略，可以清楚地看出维斯特的方法正是炒作的典范。

这位说唱歌手的创作打破了屏障，吸引了主流听众对说唱和嘻哈亚文化的关注。相反地，当这位艺术家与路易威登合作时，年轻的嘻哈乐迷开始对奢侈品产生兴趣。在球鞋发布前的露营等待活动达到了巨大的规模：在Air Yeezy 2发布前一个半月，商店外就已经排起了长队！转售价格达到了前所未有，甚至无法想象的水平。首批Air Yeezy 2在转售市场上的价格超过了3000美元，而在维斯特正式离开耐克转投阿迪达斯之后发布的最后版"红十月"(Red October)，价格更是高达4000美元。耐克注意到了这些数据，并决定将其最受期待的新产品在线上而非店铺发布。

最终，当维斯特与耐克携手合作时，他就开始塑造当前市场：他确认了球鞋作为时尚配饰的地位，为此前无法想象的合作铺平了道路。他将社交媒体作为主要的市场营销工具，鼓励限量版使用抽签制度，以及推动了转售市场的增长。他继续通过与阿迪达斯合作生产成功的椰子系列对行业施加影响，他的影响力还可以通过那些追随他的脚步崛起达到高热度的人来衡量：维吉尔·阿布洛和特拉维斯·斯科特是他的门徒。维斯特是否会继续塑造他帮助建立的行业还有待观察。鉴于他与"三道杠"品牌终止了合同，以及在他发表了多次有争议的评论之后，各大品牌和名人纷纷与他划清界限。

左图:

现在被称为Ye的坎耶·维斯特经常戴着完全遮盖脸部的面具出现。

右下图:

作为经典款,椰子 Boost 700 Wave Runner是该品牌最抢手的款式之一。自2017年发布以来,阿迪达斯多次补货以满足消费者的无尽需求。

上图:

2020年由英国拍卖行邦翰斯(Bonhams)举办的"流行×文化"(Pop × Culture)拍卖会。前景中是一双耐克 Air Yeezy 2 Red Octobers。

TIPS

坎耶·维斯特在 2008 年格莱美奖典礼上穿着的一双耐克 Air Yeezy 1 于 2021 年 4 月在拍卖会上以 180 万美元的天价售出。这双样鞋预示了他与耐克的首次合作,一年后在实体店发布,引发了巨大的期待。这双耐克 Air Yeezy 1 现在是有史以来最昂贵的鞋款,是之前纪录的三倍。

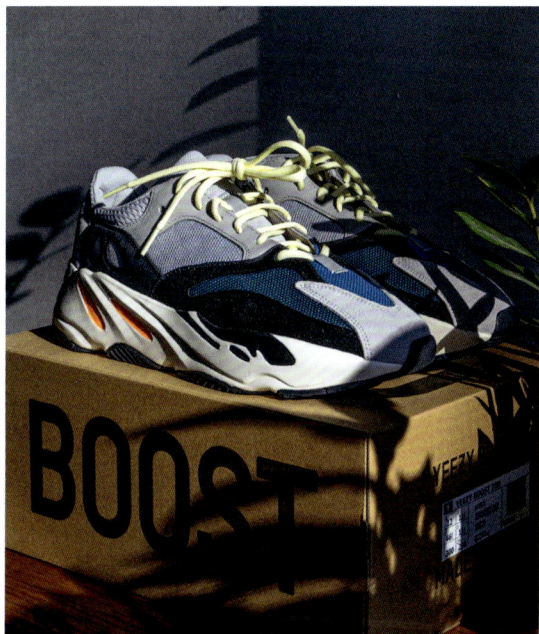

2017

阿迪达斯 Human Race NMD × 法瑞尔·威廉姆斯 × Chanel

作为阿迪达斯的合作伙伴,法瑞尔·威廉姆斯曾与香奈儿合作,使NMD再次引起极大的炒作。这是奢侈品牌香奈儿的首次鞋履合作。仅生产了500双,在巴黎的Colette店独家销售。

耐克 × Off-White

参见本书第114页。

耐克 Air Jordan 1 Retro High Bonjour Au Revoir × Colette 店铺

当Colette店宣布永久关闭时,乔丹品牌设计了这款球鞋,以庆祝这家巴黎概念店经营二十年。

耐克 × Travis Scott

参见本书第116页。

2018

耐克 × 肖恩·沃瑟斯彭（Sean Wotherspoon）

肖恩·沃瑟斯彭（Sean Wotherspoon）是美国一家时尚复古精品店的老板,他以这款混合了Air Max 1和97的球鞋赢得了由耐克举办的设计比赛。这款球鞋的流行色和灯芯绒鞋面引起了轰动,并在强烈赞誉中将他带入了球鞋界。

耐克 × Fear of God

2018年,耐克与杰瑞·洛伦佐（Jerry Lorenzo）的时尚街头品牌联手,生产了这个热门产品。合作的结果是几款豪华球鞋,包括一款备受收藏家青睐的Air FOG 1。

2019

新百伦 × 艾米·莱昂·多尔

新百伦最近的复兴部分归功于其富有远见的合作伙伴关系。这次与纽约品牌艾米·莱昂·多尔的合作在新美学中赋予了几款复古款时尚感。

耐克 × Sacai

耐克与日本高级时尚品牌Sacai的合作始于2015年，但在2018年进入历史。在T台上展示的混搭LDWaffle因其"双层叠加"的设计而引发了巨大的热情。

2020

乔丹 × 迪奥

有史以来最具标志性的球鞋搭配最有声望的时装品牌徽标：这次合作达到了高潮，Air Jordan 1 高帮和低帮的零售价约为2000美元。

阿迪达斯 × 普拉达

在与乔丹 × 迪奥合作同时发布的阿迪达斯 × 普拉达合作具有相同的内涵。

新百伦 × Casablanca

新百伦跟上了与高级时尚品牌合作的潮流，与谢拉夫·塔耶尔（Charaf Tajer）的年轻的法国摩洛哥品牌合作，打造出阳光明媚的复古未来主义设计。

2022

耐克 × 路易威登

维吉尔·阿布洛设计的最后一个鞋履合作，向达帕·丹20世纪80年代的仿冒致敬。这款Air Force 1在拍卖会上独家销售。

阿迪达斯 × 古驰

阿迪达斯直奔意大利时尚圣地，与古驰联手掀起奢潮风暴，强强联手引领新风潮。

阿迪达斯 × 巴黎世家

2022年的又一个惊喜：阿迪达斯与当今备受高级时尚青睐的品牌巴黎世家合作。除了大型服装系列，还推出了Triple。

111

作为一名建筑师、坎耶·维斯特的得力助手、DJ（唱片节目主持人）、Off-White的创始人和路易威登的艺术总监，维吉尔·阿布洛担任了许多角色，并取得了多项成功。作为一名鞋履设计师，他在近期的球鞋历史上留下了深刻的印记。

从维吉尔·阿布洛的经历来看，美国梦并非空想。作为加纳移民的儿子，这位来自伊利诺伊州罗克福德市的人最初只是"想找一份薪水不错的工作"。但他努力工作，最终成为路易威登男装系列的艺术总监。他并非注定要从事这个职业：作为一名受过训练的建筑师，他通过对音乐和时尚的热情走上设计之路。

维吉尔·阿布洛在业余时间是一名DJ和时尚设计师，他在21世纪初期与坎耶·维斯特相识并开始与他合作。这两个人曾一起在芬迪（Fendi）完成一次重要的实习。之后，维

维吉尔·阿布洛：炒作狂人

上图：
维吉尔·阿布洛的肖像，2017年。

左图：
路易威登男士春夏2019时装秀。维吉尔·阿布洛选择了巴黎的皇家宫作为他在法国品牌男装系列负责人时的首个系列背景。

右图：
维吉尔·阿布洛为The Ten系列设计作品时的工作照，2017年。他重新设计了十种耐克标志性鞋款，这些鞋款一经发售立即大受欢迎。

吉尔·阿布洛放弃了建筑学，开设了位于芝加哥的概念店RSVP画廊，该店立即受到时尚圈的欢迎。2011年，他的职业生涯发生了重大转变，他因担任坎耶·维斯特和Jay-Z合作的专辑《目视王座》（*Watch the Throne*）的艺术总监而获得格莱美提名。

第二年，维吉尔·阿布洛进入了时尚界，引起了轰动。他的品牌派热克斯·威神（Pyrex Vision）只持续了一个系列，但足够成功，为他的职业生涯奠定了基础。2013年，艺术项目派热克斯让位给Off-White，这是一种"对时尚的认真态度"，确认了他作为设计师的地位。Off-White以超大尺寸的剪裁、巨大的商标和超大幅印花颠覆了奢侈品的规范，体现了街头潮流席卷时装界的势头。2015年，维吉尔·阿布洛成为备受推崇的LVMH奖的入围者，他的知名度大增，为发展合作伙伴关系铺平了道路。2017年，耐克请他重新设计十款标志性鞋款，推出了The Ten系列，这些独特设计引发了疯狂的兴趣。与他的合作伙伴坎耶·维斯特一样，维吉尔·阿布洛成功地激发了人们对他的球鞋的购买兴趣，包括转售，创造了极度炒作的效果。在公众的赞誉中，一年后，他与路易威登签约，并与伊凡（Ikea）、依云（Evian）和巴卡拉（Baccarat）等各种品牌展开了一系列合作。他的人生故事在2021年以一场与癌症的搏斗告终。但维吉尔·阿布洛，作为可能性的创造者，在时尚和球鞋行业留下了深刻的印象。

TIPS

维吉尔·阿布洛的球鞋具有独特而可识别的特点，比如鞋带上的拉绳、中部印有工业风文字。至于其他部分，维吉尔·阿布洛采用了他的"3%规则"：他只修改了鞋子现有设计的3%，以保持其可识别性。

坎耶·维斯特、维吉尔·阿布洛和特拉维斯·斯科特。这位来自休斯敦的说唱歌手紧随这些著名前辈的脚步，推动了他们此前曾重新定义的极限。

2017年是关键的一年：Supreme与路易威登的合作发布，维吉尔·阿布洛与耐克合作推出了他的The Ten系列。同年，耐克引入了另一位合作伙伴，进一步提升了该品牌在鞋类市场上的影响力：特拉维斯·斯科特。这位得克萨斯州的艺术家被昵称为"La Flame"（"火"），是说唱乐坛的新星。他的前两张专辑取得了成功，他的现场表演也备受瞩目。他的未来光明无限，他与凯莉·詹娜（Kylie Jenner）新近建立的情侣关系使他成为媒体的焦点。耐克正好抓住了成功的甜蜜气息。

斯科特在2018年8月发布的备受好评的专辑《天文世界》（Astroworld）使他一跃成为

特拉维斯·斯科特：新的国王

国际级的巨星。在设计一款Air Force 1时，他展现了自己富有趣味和迷幻感的特点，该款鞋子采用反光、可移动的细节，并标有他的仙人掌杰克（Cactus Jack）个人标志。斯科特受到了耐克的热烈欢迎，一系列项目被启动，以重新审视伟大的经典款式，尤其是乔丹系列，从4号到6号和Air Jordan 1。对于后者，斯科特将中央的对勾标志翻转，营造出另一种个人风格。所有的款式都一度售罄，并以天价进行转售。

斯科特采用了他的导师坎耶·维斯特的一些成熟方法，特别是在社交媒体上的预告。他成为耐克重新推出Dunk等复古款式的首选品牌，在2020年推出了自己的版本，使Dunk重新焕发了青春活力。那一年对这位说唱歌手来

上图：
特拉维斯·斯科特×耐克Air Jordan军蓝色高帮以及倒置的Swoosh标志，这是德克萨斯说唱歌手的标志性设计。

右图：
La Flame在时装秀场边展示迪奥2022年夏季男装系列"Cactus Jack Dior"。

说是一个转折点。除了耐克，其他行业的领军者也开始寻求与他的合作：Epic Games（译注：游戏制作团队）在游戏《堡垒之夜》上举办虚拟音乐会，游戏站（Playstation）和麦当劳进行商品合作，迪奥与乔丹品牌合作，并推出了包括服装和配饰在内的系列，这个合作关系还延长了一年。

无论是与运动服装制造商、快餐连锁店还是奢侈品品牌合作，斯科特成功地在非常不同的领域中灵活运作，同时保持自己的形象。似乎他触碰到的一切都变成了黄金。然而，在2021年11月的一天晚上，他举办的音乐节上发生了踩踏事件，导致十人丧生。他因疏忽而被起诉，并失去了一些赞助商，炒作之王从巅峰跌落。但这只是暂时的：在耐克的继续合作下，他很快重回公众视野。

上图：

2020年4月23日，在新型冠状病毒肺炎疫情封锁期间，特拉维斯·斯科特在在线游戏《堡垒之夜》（Fortnite）中举办了一场具有历史意义的演唱会。

下图：

特拉维斯·斯科特在2016年费城"美国制造音乐节"（Made in America Festival）上的表演。

上图:

特拉维斯·斯科特于2018年组织的第一届"天文世界音乐节"（Astroworld Festival）。

下图:

特拉维斯·斯科特在2020年加利福尼亚州唐尼市的麦当劳门外。这位说唱歌手通过与这个著名快餐连锁店进行首次合作，在公众中引起了轰动。

TIPS

根据福布斯的报道，特拉维斯·斯科特在 2020 年通过与耐克的合同获得 1000 万美元的年薪。这家商业杂志指出，这只是他那一年从创意合作中获得的总收入的 10%，实际价值要高得多。该杂志认为，他的球鞋的流行使他成为一个品位引领者，从而促成了更多的合作，更重要的是，给予了他"改变名人赞助规则的地位"。因为通常情况下，名人会按照品牌的要求行事，而这位说唱歌手则制定自己的规则。因此，对于他与耐克合作的球鞋，"没有一点细节可以在没有他的批准下改动"。

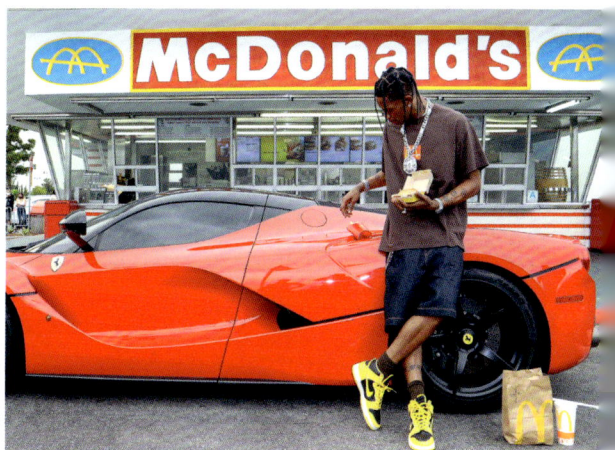

数字世界：
战略理想

随着在线文化的增长，球鞋的追随人群也快速扩大。品牌们利用这个新的黄金机遇，在互联网上更有效地执行他们的限量版生产战略。

互联网改变了一切，各行各业都不例外，而球鞋行业也发生了变化。全球网络已经成为体育品牌用来扩大零售渠道和推广产品的舞台。虽然品牌最初对第一个分享关于新鞋发售消息的博客和论坛持负面态度——比如耐克对球鞋爱好者聚集地Nike Talk的打压，但随着互动网络文化的崛起，品牌的立场逐渐改变。在21世

纪第一个十年，社交网络蓬勃发展。与论坛和专业网站不同，这些在线社区鼓励分享，促进了球鞋的大众化发展，并团结了球鞋迷。品牌们涌入这些网络空间，并建立了新的营销方法，增强了现有限量版策略的影响力。

像坎耶·维斯特和特拉维斯·斯科特这样的具有影响力的合作伙伴完全采纳了这些策略。他们利用社交媒体，尤其是照片墙（Instagram），在发布之前的很长一段时间就公开展示他们的作品，有时还会提供具体设计的预告。这种做法有两方面的好处：它以少量投资收获广泛的传播，并激发了粉丝们的期待。尽管国际巨星影响力巨大，但其他人也参与到信息的传递中，从意见领袖到专门泄露未发布鞋款预览的球鞋账号。

这种做法在社交媒体上形成了强烈的炒作欲望。由于传统的排队等候方式过于混乱，因此品牌和商店放弃了实体方式，转而通过"先到先得"的原则进行线上限量发售，并对限定的款式采取摇号制度。这只是简单的安全措施吗？并非如此：这些营销方法完美地契合品牌战略。除了自然需求增加外，限量发售和摇号制度还更容易控制分销，并进行再次炒作。重

要发售日期当天，耐克或椰子、阿迪达斯等相关的话题标签总是在推特（Twitter）上热门——这反映了消费者的情绪，也为相关品牌提供了大量的营销宣传。

数字策略并不仅限于推出一次热门合作，生产商会引导那些没能抢到新品的失望买家关注他们的产品目录，甚至推荐那些生产量更大的替代产品。比如，特拉维斯·斯科特在限量版的Air Jordan 1 High之后，推出一款几乎相似颜色的Dark Mocha版本，同样获得了成功。新百伦也采取类似的策略：与时尚品牌爱慕狮（Aimé Leon Dore）合作的550s总是后续推出一系列类似的配色款式。这虽然让整个过程圆满收尾，但归根结底，消费者通常还是会感到不开心。但这不正是营销的妙处吗？

左图：
特拉维斯·斯科特身穿与乔丹品牌合作的服装。

右图：
特拉维斯·斯科特和凯莉·詹娜在照片墙上露面时所穿之物无不成为热门。这里的照片中，他们与他们的女儿斯多蜜（Stormi）一同出镜。

TIPS

2020年初，特拉维斯·斯科特的伴侣凯莉·詹娜（Kylie Jenner）在照片墙上向她的三亿粉丝展示了几款限量版SB Dunk球鞋。效果立竿见影：在她发布帖子后的几天里，转售平台StockX上的交易数量翻了一番甚至两番，而她所穿的这些款式，本来就稀有且价格昂贵，其价值猛增了30%到50%。最近，她的姐姐金·卡戴珊穿上了一双粉色的Air Max 95，这导致专业网站对该产品的搜索量增加了2400%。这些数据突显了社交媒体、意见领袖和名人的影响力，并清楚地显示了与他们合作对品牌来说的价值。

抽签指南

由于品牌现在更倾向于通过数字渠道而非实体零售店发布他们最受期待的新品，他们采用抽签的方式为潜在购买者提供购买产品的机会。接下来让我们来看看这个令人沮丧的系统是如何运作的。

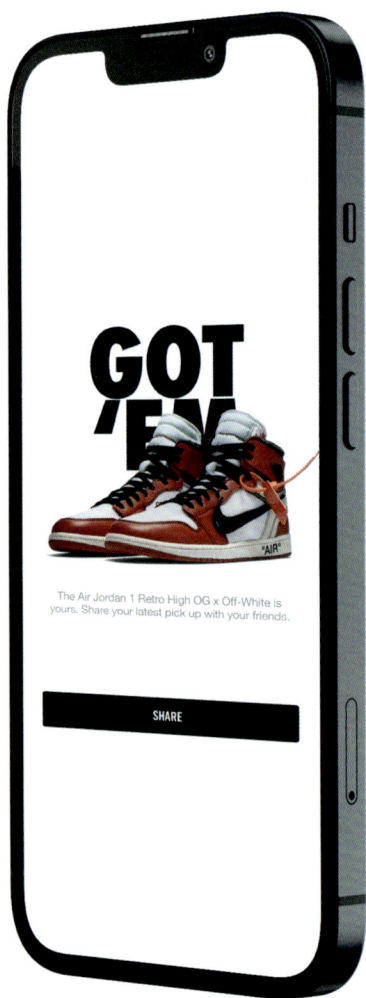

GOT 'EM

The Air Jordan 1 Retro High OG x Off-White is yours. Share your latest pick up with your friends.

SHARE

左图:
耐克 SNKRS应用程序抽签活动中的每个参与者都希望收到这样的消息。

抽签对于球鞋界来说并不新鲜。品牌们在过去就使用过，比如在21世纪初期，耐克滑板部门组织了抽奖活动来销售City Pack系列中的大部分款式。品牌和商店采用这种方式是为了避免需求超过供应所导致的混乱排队，例如City Pack系列的最后一个款式——SB Dunk Pigeon，或者是坎耶·维斯特的作品。这个系统最初是在实体店中提供的，然后转移到了网络上，完美地融入了营销和传播策略中。

抽签是用一种随机抽取的方式，给球鞋迷们提供购买球鞋的机会，但赢得购买权这一概念却让许多人感到愤怒。所有的分销商都使用这个系统，无论是品牌还是零售商。抽签的具体方式因抽签的类型而异。参与者通过一个包含联系信息和付款方式的表格进行在线抽签注册，这个表格可以在正式发售日期前的几天内填写。在耐克的"SNKRS"和阿迪达斯的"Confirmed"等应用程序上，参与者必须事先创建一个账户，并在预定的时间注册。最后，在照片墙上，参与者必须进行抽签主办方要求的特定操作（如关注、发布动态、留下评论等）来确认注册。抽签结果在抽签后的几天或几分钟内（对于应用程序而言）公布。很少有人喜欢抽签：抽签数量远远低于参与者的人数，所以很难中签，尤其是抽签系统经常受到"机器人"的干扰。这些付费的计算机程序被开发出来用于增加中签的机会，并且可实现自动抽签。机器人对于"先到先得"的限量释放产品特别有效，它们可以在几秒内通过增加订单来清空库存，而不会引起网站安全系统的注意。但它

们也被用于在抽签期间累积参与机会。意图通过提高价格进行转售以获取利润的转售者是主要使用者。可以说，网络发布本应该克服地理障碍，但抽签产生的失望远大于其使球鞋更加民主化的作用。品牌正在试图通过加强安全措施和开发新的发售形式来遏制机器人的使用。甚至耐克已经开始通过向其SNKRS应用程序中忠实的用户提供独家购买球鞋的机会来奖励他们——在官方发售之前提前购买。然而，品牌并不打算放弃抽签，因为这是一种饥饿营销，可以增加产品的价值和品牌自身的吸引力。但是对消费者来说，如果他们真的想购买一双球鞋，通常不得不转向二手市场。

TIPS 迪奥组织了一场抽签活动，以销售其与Air Jordan 1高帮和低帮联名款球鞋，大约8000对。这家巴黎时尚品牌报告说，在短短9小时内，竟有高达500万人报名参与这场抽签。这完美地展示了这两款超限量版球鞋的热度，它们的售价在2000美元左右。

引人注目的
转售

市场

　　由于行业现状的限制，无法并且不会满足不断增长的球鞋发烧友人数，因此转售市场变得至关重要。在转售市场上，已经售罄的新款球鞋以令人瞩目的价格出售，从一个小众的平行经济发展成为一个由繁荣的公司推动的价值数百万美元的产业。

转售市场：
危机还是机遇？

随着球鞋的流行和品牌采用限量发售的策略，转售市场在球鞋界找到了自己的定位。尽管最近才受到媒体关注，但这种现象并不是新鲜事。

转售市场是指在球鞋零售后转售球鞋以获取利润的活动，这些球鞋完好地保存在原装盒中，处于"全新未拆"状态，与二手球鞋不同。穿过的球鞋会贬值。最初，转售市场主要关注限量版和已停产的复古款式，随着球鞋的普及，转售市场不断扩大。它确实与产品保持同步：只要球鞋有吸引力，就会有人以转售为目的购买。

转售市场随着20世纪80年代现代球鞋狂热的兴起而出现，这是球鞋的黄金时代。当时，市场按地区划分，并且品牌不断努力创造新产品。需求往往超过供应，转售成为球鞋经济的一个特色。它主要涉及收藏家，或者通过口头交流和面对面进行交易的个人。然而，商店也开始销售备受追捧但无法获得的球鞋，无论是本地生产还是来自国外。

在接下来的十年里，随着生活方式市场的兴起，转售市场以疯狂的速度增长，尤其是在1995年Air Jordan 11和Air Max 95发布后。在这之后，球鞋转售转移到了网上。首先是易贝（eBay），是可以找到珍品和限量产品的销售渠道，并在21世纪00年代初期建立了第一批专门的网站。飞行俱乐部（Flight Club）是最早的球鞋寄售店，于2005年开业，当年也是SB Dunk Low Pigeon发布的同一年，它引发了混乱，并传达了球鞋可以成为赚钱工具的信息。球鞋文化的其他里程碑伴随着新的参与者出现：2009年，正值坎耶·维斯特的椰子

左图：
保存在原装盒中的球鞋现在是真正的收藏品。

129

鞋款诞生之时，第一次球鞋展会Sneaker Con在纽约举行。2013年，坎耶·维斯特离开耐克加入阿迪达斯的同一年，Campless网站成立了。三年后，它更名为StockX，成为终极市场参考。

2017年是一个关键的转折点：Supreme和路易威登的合作使得街头文化和球鞋得到广泛认可，维吉尔·阿布洛发布了"The Ten"系列，特拉维斯·斯科特也崭露头角。球鞋迷的数量飙升，转售数字也大幅增长，历史拍卖纪录每隔六个月就被打破，吸引了媒体的关注，并培育出了新的零售结构。然而，企业们认为这是一个良性循环，不断推出新产品，而某些球鞋发烧友对此提出批评，抗议转售会扼杀球鞋文化。在球鞋如此受欢迎的情况下，作为品牌继续培育产品稀缺性的战略，转售市场在今天是不可避免的。它一直是游戏的一部分，并证明了自己的持久力。市场发展良好，它的好日子仍然在前方。

TIPS

球鞋转售市场在 2021 年价值达到 100 亿美元，是 2015 年的十倍。虽然自那以后没有进行评估，但毫无疑问市场正在增长：预计到 2030 年将达到 300 亿美元。

左图：
Off-White × 耐克 Dunk Low Lot 23/50：这款球鞋是维吉尔·阿布洛的"Dear Summer"系列中的五十种颜色之一。

右图：
耐克 Dunk 高帮黑白配——一种基础配色，在消费者中仍然非常受欢迎，并且拥有健康的转售市场。

如今，购买球鞋进行转售是常见的做法。但是转售市场是如何组织的呢？让我们更仔细地了解一下市场的参与者、运营方式和相关动态。

多年来，转售市场一直是暗中进行的，但很快就走向公开。这个过程变得更加可触及，市场围绕着参与者和销售渠道组织起来，它们都承诺提供崭新、正品的球鞋：比如Sneaker Con这样的活动，像飞行俱乐部这样的寄售店，以及像StockX和Kikikickz这样的专业平台。

转售市场的 内幕

在线平台是销售量最大的渠道，它们可能采取不同的运营方式。例如，美国网站StockX让卖家直接与买家联系，而法国的网站Kikikickz则根据已下订单，指派自己的买家与全球的卖家联系，找到所需的球鞋。

市场结构依赖于个人，也依赖于转售商，他们通过获得产品来维持市场的活力。为了达到这个目的，他们会去实体店购买，参与在线抽签和限量发售。还有一些基于订阅的Discord服务器提供即将发布的球鞋信息和有关如何获取最大利润的建议。

合作款球鞋是转售商最追捧的目标。它们价格更高，带来更多利润，从几百到几千美元不等。然而，转售者大部分收入来自那些更容易获得、更常规发布并且利润较小的产品，利

润通常是几十美元。转售市场起初是通过翻售那些稀有的鞋款赚钱，现在则是依靠大量销售和累积少量利润。球鞋越来越受欢迎，同时发布和售罄的款式增多，推动了市场的发展。转售适用于范围越来越广的产品，即使是像Air Force 1这样的经典款也可以成为赚钱的对象，如果耐克补货缓慢的话。

品牌对这种现象通常持积极态度。尽管有些市场营销计划声称要打击转售市场，但实际上，转售市场是品牌限量版的最高战略：产品价值的增加反映到品牌形象上，进一步增强了品牌的影响力和吸引力。转售市场还为品牌提供了额外的免费宣传，而转售数据对他们非常有用——StockX的创始人表示，制造商正在利用该网站的数据来决策未来的款式。耐克和阿迪达斯甚至与该平台合作推出独家发售款。除了成熟的市场外，转售也具有可信度。

上图：

展示了自2015年开始的Sacai×耐克合作系列中的几款精选。自2018年起，它已经吸引了非常广泛的受众群体，甚至在次级市场上也是如此。

左图：

Kikikickz的创始人凯利安·德里斯在一次会议外场，他在那里收购了罕见的球鞋以增加他公司的股票。

右图：

展示的是Air Force 1，这是经典款式的典范，在2022年，当耐克停止该款式在其零售网点补货时，它成功地撼动了转售市场。

转售商

专业平台

GOAT

Klekt

Stadium Goods

StockX Wethenew

综合平台

Depop

eBay

Grailed

Vestiaire Collective

Vinted

寄售店

Afterdrop（巴黎）

Flight Club（纽约，洛杉矶和迈阿密）

Larry Deadstock（巴黎）

Skit（东京）

Sole Stage（纽约和洛杉矶）

Urban Necessities（拉斯维加斯）

活动

Crepe City（伦敦）

ComplexCon（长滩）

Sneaker Con（全球）

Sneakers Event（巴黎）

Sneakerness（欧洲）

Sneaker Expo（洛杉矶）

球鞋

与转售市场：

合理定价

"它们值多少钱？"球鞋发烧友们对这个问题着迷，这也是利润丰厚的转售业务的核心所在。但是是什么决定了价格？谁定义价格？答案是经济原理、商业策略和社交媒体影响的结合。

转售市场基于供求法则，球鞋价格也取决于这个古老的经济原则。简单地说，越是稀有和令人垂涎的款式，其价值就越高。有几个因素起着作用，比如被邀请合作的人的受欢迎程度、生产数量和球鞋的商业化方式。并且因为这些信息通常在发布之前就被广为人知，转售商对未来的要价已经有一个概念。社交媒体上的互动也是他们可以参考的另一个渴望度的指标。然而，为了得到一个明确的答案，他们会等待StockX发布的最新消息。

¥1740   ¥3974 ¥3825 ¥4899   ¥3700   ¥5605

2021

2020

¥7604 ¥9634   ¥8364 ¥2242   ¥2508   ¥1277

2016

2021

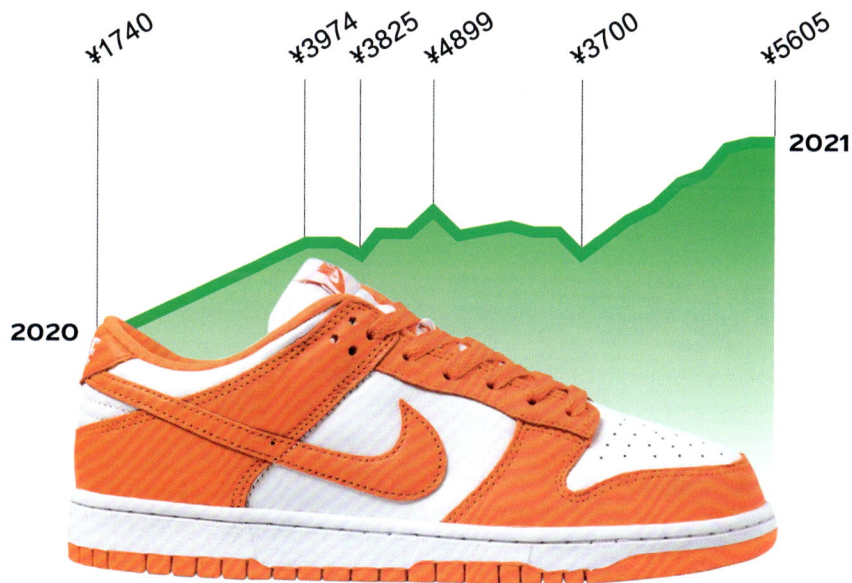

这个转售市场领导者充当市场的价格指南，就像汽车行业的Kelley Blue Book指示了二手和新车的价值一样。它列出了买卖报价，并建立了一个市场中每个人都可以作为参考的基准价格。然而，有时转售商可能会设置自己的价格：在这种情况下，他们可能已经购买了大部分或全部发布的款式，或者囤积了某一产品并等待——可能是几个月，甚至几年——直到它变得稀有。这可能会导致意外的价格波动。就像股票一样，球鞋价格并不固定，它们可以因多种因素而飙升或暴跌。

品牌是首先影响其产品转售价值的因素。

一次一流的合作对相关的款式会产生积极影响。例如，耐克的Dunk鞋款2019年之前没怎么被注意到，但在几次成功的合作之后，它成为耐克最畅销的款式之一，引发了炒作，并且间接地提高了该款式所有版本的知名度。而过多的供应则可能产生相反的效果，如果一个品牌在很短的时间内发布了某款式太多不同的配色，这个款式就可能贬值。这就发生在阿迪达斯的NMD鞋款上：2015年发布时非常火爆，但仅仅两年后就被人们所遗忘。同样，重新发售也是如此。同一款球鞋多次重新发售会让它变得不那么稀有，导致价格暴跌——这在椰子上经常发生，因为它经常补货。最后，好的或坏的舆论也会产生影响，而且不一定是众所期望的方式：一双被争议所包围的球鞋，即使会威胁到品牌的声誉，通常也会成为热门商品。

社交媒体也影响着球鞋交易市场。一个在社交媒体上发布穿着某一特定款式球鞋照片的"网红"，比如凯莉·詹娜穿着她的SB Dunks，可能会导致该款式的价格飙升，不管它是否是限量版或新品发布。而时尚也决定着设计会迅速变得流行或过时，比如非常夸张的厚底球鞋巴黎世家的Triple S。同样地，当某一配色款式流行时，相关搜索会立即增加，产品的价值也会飙升。因此，转售市场上的价格变化是人们持续关注的问题。而尺码也很重要：同一款式的价格可能因为最小和最大尺码通常生产较少，所以可能以更高的价格销售。这是一则老生常谈的经济学入门故事。

与任何市场一样，现实生活中的事件直接影响着转售价值。最近的例子是维吉尔·阿布洛在 2021 年 11 月悲剧性地离世，导致他的作品重新引起了人们浓厚的兴趣。在他去世的那天，Off-White 球鞋的销量大幅增加，导致鞋子的价值飙升。维吉尔·阿布洛的 The Ten 系列中的标志性 Air Jordan 1 High Chicago 在几小时内价格翻了一番，从 5000 美元涨到了 10000 美元。

左上图：

Off-White × 耐克合作的 The Ten系列。设计师维吉尔·阿布洛在转售市场上的惊人成功促成了令人眼花缭乱的价格。

右上下图：

转售平台总能设法获得大量库存，以迎接备受期待的新品发布，如这里展示的耐克 X Sacai和椰子Slides。

除了有利可图的转售市场外，球鞋炒作还推动了一个繁荣的假货产业。这给品牌和零售商带来了困扰，他们很难控制这个问题，而零售商则正在竭尽全力与之抗争。以下介绍假货是如何渗透到这个行业中的。

这是成功的阴暗面。假货产业发展起来是为了满足超过供应量的强大鞋迷需求。这种现象出现在80年代的繁荣时期，当时人们对球鞋的热情开始增长。就像转售市场一样，假货产业也随着潮流文化的发展而不断进步，甚至更为迅猛。根据经济合作与发展组织最新的一份重要报告，鞋子是2016年被复制最多的商品，年市场规模接近5000亿美元。而假货的传播在过去几年里呈现出不断加剧的趋势。

假货（赝品）: 名声的

假货从粗糙的复制品到完美的复刻品不等。假货制造者为了满足不同要求的客户不断努力，最细致入微的假货制造者会在鞋款发布前获取鞋子。这就是品牌供应商地理位置接近的作用：假货制造者贿赂工厂员工，既能获取有关未来生产的信息，又能获得样品——即成品前的原型样鞋，以便研究制作出最接近原作的复制品。同样，他们还会寻找通常也位于同一地点的材料供应商，然后进行烦琐的组装过程，通常使用与正

另一面

当球鞋供应商相同的机器。在某些情况下，假货可能在原作发布前三个月出现在市场上。

当他们打算通过网上或社交媒体销售产品时，假货制造者可能会试图欺骗消费者，宣称是正品，或者采取相反的方式，明确表示他们在卖假货——这是一种坦诚的策略，因为现在

有60%的假货购买是自愿的。这就是运动服装品牌名声的代价，他们专注于限量版，导致一些客户转向购买假货，而不是购买转售市场上价格昂贵的商品。他们正在努力解决这个问题，但效果不大。他们会举报销售假货的零售商，但几乎所有这些零售商都会消失并以其他名称重新出现。

因此，战线转移到了其他方向上。耐克再次挺身而出，通过国会成功推动了一项议案，赋予美国海关代理更多截停假货的自由，并提供了一种工具来帮助鉴别球鞋的真伪。事实上，鉴定是转售市场的一个核心问题，该市场依赖于认证产品的承诺。因此，转售平台采用了与品牌相同的方法：每双出售的鞋子都会经过他们的仓库，专家从各个角度对其进行检查，只有在被认定为真品后，交易才会得以进行。鉴定工作是由人来完成的，这意味着有些假货可能会逃脱检查，但雇员定期接受培训以防止这些错误，有些甚至为此专门购买假货。他们被迫这样做，因为这个现象不会轻易停息。有一件事是确定的：只要球鞋有价值，假货就会紧随其后。

如何鉴别

缝线和材料

　　细节决定成败。一旦拿到一双鞋子，你需要仔细检查是否有任何小的异常。虽然残留胶水并不一定说明假货，但缝线的规则性、材料的质量以及鞋垫的形状必须无瑕疵。专家使用蓝光来检查制造元素。

包装

　　鉴定过程从包装开始。每个品牌都有独特细节的鞋盒，在精确的位置印刷了信息。鞋盒和衬纸是首先要分析的元素。

球鞋

气味

球鞋有特定的气味。鉴定人员常常被比作香水行业的"嗅觉专家",因为他们敏锐的嗅觉可以立刻辨别产品的来历,这是基于经验的专业知识。

标签

这些细节通常被假货制造者所忽略。鞋盒上的标签以及鞋子内部的标签都可能会透露问题。标签贴错、缺少尺码或是复杂的二维码都是警示信号。

TIPS

维吉尔·阿布洛在 2017 年 2 月表示:"我喜欢赝品……这比登上《时尚》杂志的好评还要棒。如果赝品能做到让别人也能从中获利,那就意味着它真的很受欢迎。你们并没有从我这里拿走什么,实际上还给我做了更多的广告。"当时他总结了一个普遍的看法,即应该积极看待品牌被仿冒的情况,因为这是品牌被渴望的最终指标。但在几个月后,当他与耐克合作推出的 The Ten 系列发布之后,他改变了主意,并对那些他指控售卖假货的网站提出了多项投诉。这一次,他认为赝品伤害了他的品牌 Off-White 吸引新顾客的机会。面对赝品……情况变得复杂了!

史上最贵的球

1 乔丹
Air Jordan 13

220万美元

这双迈克尔·乔丹在1998年NBA总决赛G2上穿着的球鞋于2023年4月在苏富比拍卖会上以220万美元的价格成交，登顶历史最贵球鞋。

Air Jordan 13于1998年5月发布，当时乔丹正在进行季后赛之旅。据苏富比拍卖行称，这双球鞋是乔丹在芝加哥公牛队时期最后一批公开发布的Air Jordan产品之一。

2 耐克
Air Yeezy 1

180万美元

该项纪录于2021年4月26日在苏富比拍卖会上实现。所谈及的这双鞋是耐克 Air Yeezy 1的原型，由坎耶·维斯特于2008年的格莱美奖颁奖典礼前穿着。

鞋

有些球鞋的价格达到了天文数字。然而，创纪录的球鞋价格通常远离传统的转售市场，而往往涉及那些在历史上传奇时刻中被穿过的鞋子，其中大多数都与迈克尔·乔丹有关。

3
耐克
Air Ship

147万美元

迈克尔·乔丹于1984年11月1日穿过这双鞋，并由他本人签名，是他在获得个人签名款式之前穿过的第一双耐克鞋。

4
耐克
Air Jordan 1 High

61.5万美元

迈克尔·乔丹于1985年8月25日在意大利的特里埃斯特进行的一场友谊赛中穿着，他在比赛中做出了一次扣篮动作，打碎了后场篮板。这双鞋在2020年8月的佳士得拍卖会上创下了有史以来最昂贵的球鞋纪录。

5
耐克
Air Jordan 1 High

56万美元

"飞人"迈克尔·乔丹穿过的另一双鞋子，同样是1985年的Air Jordan 1 High，采用标志性的白、红、黑配色。在2020年5月的苏富比拍卖会上，它的成交价超过了50万美元，是预估价的三倍多。

6
耐克
Waffle Racing Flat "Moon Shoe"

43.75万美元

这双"月球鞋"是耐克为1972年奥运会制造的第一批鞋子之一。这双鞋只生产了12双，而且是唯一一双未被穿过的。

7
路易威登×耐克
Air Force 1 Low

35.28万美元

维吉尔·阿布洛与路易威登的最后一次合作。这两百双限量版鞋子在他去世后被拍卖，以支持他的基金会。总共筹集了2300万美元，而第一批拍卖的一双鞋成交价为35.28万美元。

8
耐克
Mag "Back to the Future"

20万美元

这款耐克 Mag是由汀克·哈特菲尔德为1989年上映的电影《回到未来2》（*Back to the future part II*）设计的传奇球鞋。耐克分别在2011年和2016年生产了两批限量版。最新版本配备了LED灯和自动系鞋系统，就像电影中的一样。其中一双通过慈善拍卖以20万美元的价格售出。

9
匡威
Fastbreak

19.0373万美元

在与耐克签约之前，迈克尔·乔丹经常穿着匡威的球鞋。这甚至可能是他在1984年奥运会上争夺金牌时穿过的最后一双鞋。

10
乔丹
Air Jordan 11 "Space Jam"

17.64万美元

这双独特的Air Jordan 11是专门为迈克尔·乔丹在他1996年主演的电影《空中大灌篮》（*Space Jam*）中穿着而设计的。尽管他最终没有在电影中穿上这双鞋，但一位收藏家认为这双鞋仍然值一大笔钱。

乔丹
Air Jordan 7
"Olympic"

11.25万美元

这双以美国队颜色为主题的版本是为迈克尔·乔丹在1992年巴塞罗那奥运会上穿着而制作的。这位篮球传奇在决赛期间穿着这双鞋。

耐克
Mag "回到未来2"

9.21万美元

如果不是因为缺了一只鞋子，这双鞋很可能会成为历史上最昂贵鞋子排行榜的前十。这双最初为《回到未来2》于1989年打造的Mag在eBay上以近10万美元的价格售出，尽管右脚的运动鞋不见了，而且损坏严重。

上图:

迈克尔·J.福克斯（Michael J. Fox）在《回到未来2》中扮演马蒂·麦克弗莱（Marty McFly），穿着这双著名的耐克Mag。

"转售市场

对话凯里安·德里斯（Kikikickz创始人）

凯里安·德里斯从小就是球鞋收藏家。他创办了Kikikickz：一个专门销售稀有和限量版球鞋的转售网站，迅速成为市场的重要参与者。

你是如何成为球鞋转售商的？

我从小就对球鞋感兴趣，并在12岁时开始收藏。随着每一次守候鞋店的经历，我的热情不断增长，结交了新朋友，并了解了球鞋文化。很快，转售成为扩大我的收藏的合乎逻辑的下一步。我认为所有的转售商都会经历相似的道路：你购买一双鞋，然后卖掉它来购买其他的，这样你就不必一直依赖零用钱了。后来，我遇到了现在的合作伙伴，这促使我推出了Kikikickz。

"球鞋现在很热门，但仍有增长空间。"

你如何解释这个市场最初被描述为相对隐秘的平行市场，如今却已开放到包括像Kikikickz这样的实际公司的程度？

这是由于两个因素。一方面，球鞋已经变得主流化：现在大多数人都穿球鞋，即使在传统严肃的工作环境中也是如此。另一方面，运动服装制造商采取了不断发布限量款式的策略，这在产生期待的同时，也带来了挫折感。转售是对这一切的回应，也是它成为一个合法市场的原因。

普通人不一定能理解为什么有人会在一双鞋上投入大笔资金。你会如何解释这种现象？

球鞋转售根植于一个与商业一样古老的概念——供需法则！球鞋具有吸引力，期待感强烈，但供不应求。但Kikikickz并不专注于这一点。我们强调球鞋的文化价值、历史和特色。我们的目标是使其民主化和大众化。球鞋现在很热门，但仍有增长空间。

转售市场是否有长期的未来？

Kikikickz是在2020年在一个非常有竞争的市场中成立的，但这个市场并没有停止增长，这表明转售市场远未达到顶峰。根据最近的研究，到2030年全球球鞋市场将价值300亿美元。球鞋已经成为日常生活的一部分，但它们作为时尚配饰和收藏品的价值对每个人来说并不明显。因此，这意味着它们与转售市场一起还有更大的发展空间。

还远未达到顶峰。"

球鞋的

大众对球鞋的痴迷还会走多远？它只是一种时尚潮流和投机泡沫，还是一种长期的现象和可行的经济？当我们思考球鞋的前景时，未来看起来十分光明：所有预测都预示着这个行业将继续增长，无论是零售市场还是转售市场。球鞋的吸引力依然强大，这个产业仍然有很多惊喜等待揭晓，但它也必须适应今天的挑战。

未来

球鞋热潮远未结束。行业的预测非常乐观，球鞋将继续走向主流，吸引新的追随者加入球鞋世界。

球鞋的黄金时代尚未到来：这是业界领导者和金融专家共享的预测所得出的结论。他们指望这个行业在一级市场和二级市场上持续指数级增长。球鞋行业在2021年的年产值超过1000亿美元，预计到2030年将达到1650亿美元，而转售市场在同一时期预计将达到100亿~300亿美元。

这些数据表明，球鞋市场尚未饱和，远未达到顶峰。球鞋作为时尚配饰和收藏品仍有增长空间。最重要的是，这些数据证实球鞋不仅仅是一个过眼云烟的潮流，而是一个长期的现象。即使在传统严肃的职业环境中，这些鞋也不再被视为不合适，它们将继续吸引越来越多的人。

这些预测往往强化了品牌专注于限量版、炒作和售罄款式的策略。但是经典款式的重新发售和重新诠释可能会优先于新产品，虽然环

球鞋：无限

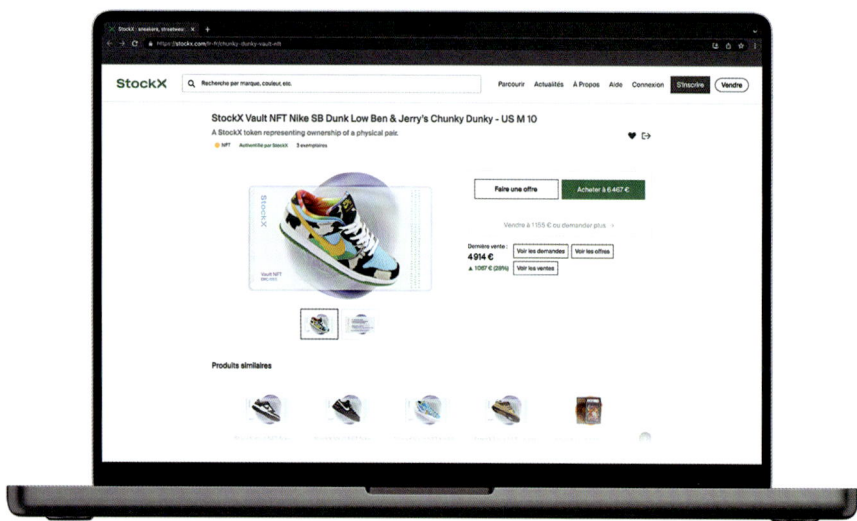

左图

在2022年，转售平台StockX开始销售代表耐克球鞋的NFT，引起了该品牌的不满。

右图

因出演《怪奇物语》（*Stranger Things*）而为人熟知的演员诺亚·施纳普（Noah Schnapp）与以他为原型制作的Rude Kidz NFT合影。不可兑换代币是球鞋市场的一个新增长点。

保责任和3D打印也将扮演关键角色。可以预见到，随着需求的增加，将会有更多的合作款式和新产品发布，但市场肯定还会有一些意外。

如果传闻属实，耐克最终将切断与零售商的联系，通过自己的渠道销售产品，这将使人们更难购买到球鞋。不管怎样，体育品牌已经取得了不可否认的成功，而这种成功将一如既往地渗透到转售市场。

转售市场仍处于初级阶段，某些地区尚未完全参与进来。新的参与者将进入市场，转售将涵盖更多的产品。与零售市场之间的界限可能变得更加模糊，尽管这种情况仍然不常见（参见"TIPS"），但不排除StockX和耐克或阿迪达斯之间的突出合作会在一系列特殊的市场营销行动中继续进行。这可能会通过Web 3.0实现。Web 3.0是互联网的一个新迭代，包括区块链和NFT（非同质化代币）技术，以及元宇宙——这似乎是所有市场参与者都在投资的一个新的利润来源。在物质和数字领域，无论是有形的还是虚拟的，球鞋增长的各个环节都在齐头并进。

增长

TIPS 尽管零售和转售领域在未来可能有更多交互的机会，但最近市场领导者之间的关系有些紧张。耐克和StockX之间的友好合作最近告终，因为耐克对该平台销售代表该品牌球鞋的NFT提起了诉讼，附带着停止侵权令和索赔要求。未来无疑是光明的，但仍有待界定。

创新革命，

球鞋的浪潮仍在远方，可能会带来一些惊喜。在新品发布的同时，品牌们继续创新，以满足消费者未来的需求，已经在使用中的新技术可能会彻底改变这个行业。

球鞋不再仅仅是运动装备，它们还是创新的载体。品牌们仍然致力于制造最好的球鞋；在重新诠释经典款式的背后，他们不断开发新技术，以满足运动和日常使用的需求。无论是改善缓震性能，优化生产工艺，还是提供更坚固或更可持续的材料，运动服装制造商们继续相互竞争。

耐克和阿迪达斯在过去十年中一直是创新方面的佼佼者。耐克推出了有弹性的一体式Flyknit鞋面；ZoomX Vaporfly Next%——一款采用碳纤维板的超高性能跑鞋；自动调节"自适应贴合"的HyperAdapt鞋款；第一款无须双手操作的鞋款Go FlyEase。阿迪达斯则凭借Primeknit鞋面、Boost鞋底和大规模应用的3D打印技术给消费者留下了深刻印象。现在所有运动服装制造商都在专业公司的帮助下开发3D打印技术，它很可能会彻底革新这个行业。

3D打印，也被称为增材制造，可以使用三维建模来创建物体。基于计算机设计，软件的"切片"程序根据技术规格将绘图翻译成打印机能够理解的语言，然后打印机逐层应用材料来创建零件。这项技术在许多领域都得到了应用，近年来在球鞋行业中得到了重视，从原型制作发展到大规模生产，从打印单个零件发展到生产整个鞋款，比如设计师赫隆·普雷斯顿（Heron Preston）设计的Heron01鞋款。这个特殊市场预计到2030年将创造80亿美元的产值，年增长率为20%。

除了数据外，3D打印还有着令人难以置信的潜力：它可以用于基于用户手机扫描的脚部数据定制个性化的球鞋。除了自动化和灵活的设计外，它还倡导快速制造，减少废弃物，鼓励使用有机或回收材料，并在产品寿命周期结束时便于回收利用。虽然它似乎还没有准备好与流水线竞争，但增材制造为解决当今主要挑战提供了解决方案，并使我们能够设想一个满足个性化和环境责任期望的未来。这实在是令人充满希望。

悄然而至

左上图

3D技术使设计师在创造力上有了更大的自由度，开辟了新的可能性。

右图

赫隆·普雷斯顿设计的3D打印的Heron01球鞋没有接缝或胶水，完全可回收利用。

TIPS　　3D打印具有许多优点，它的使用促使运动服装制造商考虑将生产带回美国。阿迪达斯在2017年开设了两家用于增材制造的快速ZT（Speedfactory），分别位于德国和美国。但是阿迪达斯在三年后关闭了这两个工厂，再次将生产外包到亚洲。公司官方表示这是为了"更好地利用生产能力和产品设计上更灵活"，但媒体报道称，自动化比预期更加昂贵，而阿迪达斯则预期能够大幅降低成本。3D打印有很大潜力，但我们尚未充分利用其全部潜能。

定制球鞋并不是什么新鲜事，它一直很受欢迎。但随着市场的不断发展，定制作为一个新兴领域正展现出巨大潜力。

定制是球鞋文化的核心。当嘻哈界在20世纪80年代开始接纳球鞋时，成员们通过鞋带和绘画来个性化他们的鞋款，以修饰他们自己的服装，让自己与众不同。用独特鞋款表达个性和风格的愿望一直激发着球鞋粉丝们。各大品牌成功地利用了这种愿望。

尽管万斯在嘻哈还没有被发明出来之前就允许其客户自定义他们的鞋款，但耐克通过其

于1999年推出的iD计划更深入地探索了这个概念。起初，这个有限的预约服务给了顾客创造自己版本的鞋款的机会，取得了立竿见影的成功。现在这个项目被称为By You，任何人都可以通过耐克的网站获得。与此同时，该公司开发了一个独家项目——Bespoke，顾客可以在设计师的帮助下选择四百种颜色和材料来打造定制的鞋款。

如今，每个品牌都提供定制服务以满足不断增长的需求。只需看一下大量赞美定制球鞋的文

定制化：

未来

章或者关注社交媒体对定制设计的兴趣，就能了解定制化有多么受欢迎。一些专家，比如球鞋外科医生（The Shoe Surgeon），甚至与该领域的领导者合作，但品牌对使用其商标进行大规模营销活动仍然持谨慎态度。例如，近年来耐克已经针对定制者提起了多起诉讼——这是品牌打算严密掌握定制业务潜力的标志。

预计球鞋将吸引更多的粉丝，因此渴望引人注目、拥有与众不同的鞋款的愿望将越来越普遍。因此，服务很可能会采取像耐克的Bespoke这样的独家模式，以支持基于限量版的整体战略，并向新的创新方向发展。正在快速扩张的3D打印技术是对这一趋势的理想回应，它承诺在形态和设计方面满足各种期望。在商店里使用3D打印机创造你梦想中的球鞋是许多球鞋媒体广泛讨论的未来可能性之一。有一件事是肯定的：未来的服务和产品将比以往任何时候都更贴近消费者。

永恒之传统，之趋势

左图
定制化仍然是球鞋文化的核心，并且正不断发展，反映了人们越来越想与众不同的愿望。

下图
许多球鞋粉丝尝试着进行定制，购买全白的鞋款，然后为其上色。

TIPS 最后一个给人留下深刻印象的定制球鞋是说唱歌手利尔·纳斯·X（Lil Nas X）的杰作。这位艺术家委托了街头艺术集体纽约布鲁克林艺术团体（MSCHF）制作了一款定制的以恶魔为主题的 Air Max 97 鞋款。该鞋款包括黑红配色、鞋气泡中的一滴血、鞋带上的五角星吊坠以及 666 件的限量生产。这款名为"撒旦鞋"的产品在美国引起了公愤。耐克迅速回应称，该款鞋款未经公司授权生产，并提起了假冒和商标侵权的诉讼。这场纠纷最终以庭外和解告终，"撒旦鞋"也停止销售。

对环境问题日益增长的关注影响着消费趋势，球鞋市场也不例外。运动服装制造商推出了大量的环保产品线和倡议，同时也涌现了许多承诺可持续性的新品牌。所有这些都值得赞赏，但问题是，它们做得够彻底吗？

环境责任不再仅仅是道德承诺，它已经成为许多品牌的商业必需，现在对环境问题颇有了解的消费者正推动这一转变。多项研究表明，他们在做出购买决策时，非常重视产品的可持续性。球鞋市场也是如此，特别是因为球鞋所属的时尚行业是全球污染最严重的行业之一。近年来，大型制造商开始致力于解决这个问题，并提供越来越多的"环保"球鞋。

上图:
耐克的"零浪费"收集箱，顾客可以将不再使用的产品放入其中，以便重新利用。

右图:
肖恩·沃瑟斯庞（Sean Wotherspoon）×阿迪达斯 Superstar鞋款。这位美国设计师非常关注环境运动，并强调在他的合作款中只使用可持续材料。

生态学：
全

耐克自1993年推出"再利用鞋"倡议以应对球鞋回收问题，着手实施了零浪费、碳中和的"Move to Zero"战略。它用回形针标志代表了几款使用了一定比例回收材料的产品：Space Hippie、Flyleather、Crater和Next Nature。据说还有一款名为Better的纯素系列正在筹备中。阿迪达斯甚至更进一步：2015年，该公司与非政府组织Parley for the Oceans签署了合作协议，推出了采用一种叫作Primeblue的聚酯材料制造的鞋款，该材料是由从海滩和沿海地区回收的塑料垃圾制成，从而避免海洋污染。阿迪达斯品牌承诺到2024年仅使用回收塑料制造产品，并开发了Clean Classic系列，使用了另一种环保面料

Primegreen。最近，该品牌推出了一款以蘑菇为基础的皮革替代品制成的Stan Smith Mylo，引起了轰动。

除了回收材料外，植物基材料也被广泛用于制作球鞋，尤其是那些具有环境责任目标的公司。法国品牌Veja在这个领域是先驱，而这个有前景的行业在最近几年里催生了许多鞋类品牌。它们正在推动新的消费习惯养成，如用葡萄、玉米或仙人掌皮革制作鞋面，用海藻制作鞋底或用软木制作鞋垫，这已经不再是稀奇的事情了。材料的种类令人印象深刻。但是，

尽管绿色球鞋可能非常流行，仍然存在一些疑问。关于产品生命周期结束后的回收情况如何？对此并没有明确的反馈，原因很简单：球鞋很难回收。它们含有平均15种不同的材料，每种材料都有特定的回收途径，这使整个过程变得棘手，尤其是胶水的使用使得回收变得几乎不可能。

2019年，阿迪达斯推出了FUTURECRAFT.LOOP，这是一款百分之百可回收的球鞋。据该品牌称，消费者可以在鞋的生命周期结束时将其退回，鞋中的材料将被循环使用来制造新的

新的 游戏规则

鞋款。该品牌还推出了一整个系列，名为Made To Be Remade，并打造了一项将金融目标和保护地球相结合的营销策略。但是，在减少球鞋环境影响的努力中，这些举措通常面临另一个障碍：生产。阿迪达斯和其他所有大型制造商一样，将生产外包到亚洲。制造环保的球鞋需要的不仅仅是使用回收和可回收材料，还应该在当地使用当地材料进行制造，以支持本地企业，并依赖于环境友好的生产过程。换句话说，真正的环保球鞋并不常见，而且这个术语常常带有绿色洗白的味道。

上图：
阿迪达斯通过与非营利组织Parley for the Oceans合作，在环保球鞋领域树立了自己的地位，该组织向品牌提供了从海洋回收的塑料。

右图：
耐克Dunk Low Next Nature "White Mint" 和 "Pale Coral"。这家来自俄勒冈比弗顿市的品牌现在推出了许多经典款的回收材料版本。

TIPS

2019 年，包括球鞋在内，全球共生产了 243 亿双鞋子，释放了超过 7 亿吨的二氧化碳，相当于德国一个国家的排放量。生产主要在亚洲进行，亚洲的制鞋业主要依赖高污染的煤炭。地理距离也导致了对地球有害的运输：一双球鞋可能在抵达货架前通过船只行驶超过一万英里（16000 公里）。耐克和阿迪达斯正在努力解决这些问题，并坚称他们打算到 2030 年将碳足迹减少 30%。我们将继续关注最新进展。

更具包容

如今，包容性和环境责任一样，成为一个重要的关注点。运动服饰品牌也开始从市场营销和产品方面着手解决这个问题，但还有很长的路要走。

如今，球鞋已经超越了世代和特定身份的限制，制造商们正在寻求从中获利。耐克、阿迪达斯、锐步和彪马最近都推出了庆祝个人多样性、多元性或身体积极性的市场营销活动。这些值得称赞的举措掩盖了一个事实，那就是这样的努力来得有些晚：第一款女子球鞋锐步Freestyle直到1982年才推出，直到1995年才有女性运动员的签名鞋款。

球鞋行业从来都没有因为性别平等而享有良好的声誉。在过去，渴望拥有这些长期与男性相关联的鞋子的女性，常常面临着刻板印象、先入为主的观念和暗示，被认为穿球鞋可能不够女性化或不优雅。直到最近几十年，这些障碍才逐渐消除，球鞋变得比以往任何时候都更受欢迎，女性彻底拥抱了这个潮流。这反映了社会的变化、对平等的需求以及赋权的力量。

品牌已经注意到了这一点，并通过与蕾哈娜（Rihanna）和碧昂丝（Beyoncé）等人合作，推出越来越多的女性球鞋，营销手法传递出"适合我们的，由我们来"的氛围。但这并不意味着消费者的需求得到了认可和满足。在与法国在线媒体公司Konbini的一次采访中，时尚博主、模特和网红阿勒阿里·梅（Aleali May）总结了社交网络和某些专业媒体对面向女性市场的球鞋进行的批评："当人们将'女孩'和'街头服饰'这些词联系在一起时，我觉得他们在展现一种单一类型的女性形象。这是一个错误，因为街头服饰圈中有无数风格各异的女孩。"

当由女性主导的合作款被纳入限制性的性别框架时，女性独享通常局限于非常"女孩气"的设计元素，如闪粉和亮片、水晶和珠宝、粉色系列和厚底鞋。阿勒阿里·梅致力于克服这一问题，通过展示女性完全有能力创造男性同样热衷的鞋款，她和同行Ambush的尹安（Yoon Ahn）以及Sacai的阿部干登势（Chitose Abe）做得非常出色。这些令人鼓舞的成功故事可以证明市场细分的终结，但球鞋市场达到性别中性化还需要很长的时间：女性往往在购买特定款式时被排除在外，尤其是最受瞩目的合作款，因为没有适合她们尺码的供应。前方的路还很漫长。

终于迈向性的市场！

TIPS 根据在线平台 StockX 提供的一份报告，按照其运营的前五年数据，2016 年至 2021 年间，女鞋的转售量增长了 1500 倍。具体来说，2021 年每四个小时就会有与 2016 年整年相同数量的女性球鞋被购买。

左上图（左）:
耐克的市场营销活动庆祝"Just Do It"口号诞生三十周年，特邀美式足球运动员科林·卡佩尼克（Colin Kaepernick）参与，他因抗议警察对非裔美国人的暴力行为而被美国国家橄榄球联盟（NFL）禁赛。该品牌对这位运动员的支持引起了强烈的反响，并最终在2018年赢得了最佳广告奖。

左上图（右）:
作为毒性休克综合征宣传活动的代言人，模特劳伦·沃瑟（Lauren Wasser）穿着她所代言的Sacai×耐克VaporWaffle Sail Gum款式。

右图:
耐克SB Dunk Low Be True鞋款是向性少数群体（LGBTQIA+）致敬的一款鞋子：它的上部涂成白色，在使用过程中逐渐消退，露出下方彩虹的颜色。

承诺

运动装制造商不断宣称他们致力于参与从可持续发展到包容性等重大事业。但他们真的想改变现状吗？没有什么比这更不确定了。

1996年一系列涉及主要体育器材制造商的丑闻达到高潮，进一步加剧了人们对其供应工厂工作条件的控诉。30年过去了，尽管进行了审计，渴望透明度，并采取了可持续性倡议，但问题依然存在。争议经常使主要球鞋制造商的形象受损，证明不道德的做法仍然存在。今天，就像过去一样，这些公司只有在面临更大的舆论压力时才会改变自己的行为。

2021年，倡导平等和多样性的营销活动被揭穿，那不过是烟幕弹而已。更为讽刺的是，各大运动装备巨头正在逐步撤离20世纪80年代迁往的中国生产基地，转而选择印度尼西亚和越南等国家：中国的人力成本上升，这些运动服巨头将目光投向其他国家，以此维持他们丰厚的利润。对于无止境的逐利欲望，没有任何东西能真正阻挡，甚至连环境危机也无法撼动。

当对一种由污染产业在世界的另一边组装的产品的生态价值产生怀疑时，可持续性的承诺很容易被看作只是对新消费者期望的回应，而不是真正想要改变世界的愿望；可以视其为自私的营销，甚至是绿色遮羞布，当一家品牌在继续推出常规产品的同时过度宣传其承诺。只要翻开各大品牌的发售日历，就能一目了然：近几个季度，行业巨头们都在推出环保鞋款，但并非为了取代原有产品线，而是变本加厉地增加供应。表面上环保，却加剧了过度生产的负担，最终抵消了环保的益处。真正的可持续承诺应该是生产更少、质量更好的产品，但新鞋款的发布速度却令人瞠目结舌，即使是新型冠状病毒感染疫情也未能对其产生多大影响，尽管许多时尚行业的决策者都做出了减速的承诺。世界没有改变，炒作、发布和售罄策略的混合体仍然存在。产品在社交媒体上宣传，而社交媒体是迅速过时的工具，欲望像出现时一样迅速消失。可持续性还应该意味着鼓励人们购买更少的产品。

尽管研究表明消费者对环境问题比以往任何时候都更关注，但购买球鞋的数量从未如此之高。球鞋成为一种执着的对象，令人痴迷，人们追求囤积和收藏，这一事实无法减轻矛盾。许多球鞋收藏爱好者承认，在某品牌涉及丑闻爆发后，虽然他们减少甚至停止了收藏行为，但不久之后又重新陷入了对收藏的狂热之中。过度消费的问题无疑是共有的——因为在信息比以往任何时候都更易获取的今天，没有人能装作毫不知情。

的局限性

TIPS

"驱动我前进的不是金钱。我不再追求金钱。在我离开这个世界之前，我想把这个公司做得尽可能好。"耐克创始人菲尔·奈特（Phil Knight）在 1997 年迈克尔·摩尔（Michael Moore）的纪录片《大事件》（The Big One）中向导演解释道。摩尔说服奈特承诺，如果他能在密歇根州的一个城市找到志愿者，首席执行官将考虑在那里开设一家工厂。尽管有视频证据证明当地支持这个想法，但奈特最终拒绝了。"我认为任何失业的人都会说他们愿意接受任何工作，但是如果有选择的话，美国人真的不想在鞋厂工作。我依然相信这一点。"显然他依然坚持这个观点。

"也许未来我们会在Web 3.0中为虚拟角色购买新的球鞋，**而不是在现实生活中。**"

对话萨拉·安德曼（Sarah Andelman，Colette 概念店的联合创始人）

创意咨询公司Just an Idea的负责人萨拉·安德曼是巴黎概念店Colette的联合创始人、艺术总监和买手。1997年至2017年的二十年间，Colette成为全球时尚圣地，也通过超限量的合作款扩大了球鞋的影响力。在这里，安德曼向我们介绍了她对这个行业的看法。

您在将球鞋从运动装备转变为时尚配饰方面发挥了重要作用。在您看来，这是如何发生的？

对我来说，球鞋一直是日常时尚配饰。它们自20世纪80年代以来一直是崇拜的对象，但是没错，我也见证了它们进入奢侈品牌行列的过程。所以我看到越来越多的人将球鞋视为造型中的一部分，就像对待最新的高跟鞋一样。

"对我来说，球鞋一直是日常时尚配饰。"

这种转变对时尚和整个社会有何启示？基本上，你如何解释球鞋的蓬勃发展？

实际上，我会说这无疑是一个关于舒适度的问题。我们生活在一个一切都发生得非常快的世界，你必须快速应对。随着街头时尚渗透到时尚系列中，我们可能正在达到一种标准化的形式。

球鞋行业自Colette创立初期以来发生了很大变化。您如何看待现在的市场？

或许我们已经达到了饱和状态。在Colette刚开业的那些年里，每个品牌都推出越来越多的新款。我认为消费者已经感到厌倦，更愿意专注于真正感兴趣的东西，所以现在市场上的球鞋款式越来越分化，有专门为滑板、篮球、徒步等活动设计的款式。球鞋是普遍的，但影响因素各不相同。我也希望品牌能认真考虑可持续发展等概念。

品牌确实通过产品和营销活动应对了一些重大的当下问题，如环境危机和包容性。但是他们的努力是否足够真实？这些承诺是否与他们的销售策略背道而驰？

我同意，事情确实需要放慢。这需要真正的意识和证明。我认为年轻一代非常关注这个问题，他们可能会迫使观念发生变革。

您如何看待球鞋的长期未来？随着3D打印等持续创新的出现，未来是否完全掌握在消费者手中？当前系统产生的失望是否会让位于个性化、按需服务？

我认为设计师和设计工作室始终会备受尊重；毕竟，不是每个人都有那样的天赋。另一方面，也许我们会开始为我们在Web 3.0中的虚拟角色购买新的球鞋，而不是现实生活中的鞋子。

对球鞋的

痴迷！

"穿上你的运动鞋！"球鞋的起源可以用一代又一代父母对孩子们说的那句熟悉的命令来概括。这些鞋子，简单来说，就是为运动而穿的。当然，它们依旧履行着这一角色，但在街头，球鞋已经超越了它们的初衷：它们成为信息、风格和个性的标志。

无论是极简主义风还是五颜六色，有阿迪达斯的三道杠或耐克的对勾，出自著名设计师之手还是某个街头潮牌，基本上，我们爱它们所有款式的。球鞋将不同年龄、性别、社会背景、文化以及着装风格联合起来。它们被视为一种社会现象——成为痴迷与欲望的载体，为炒作和利润所利用。但最重要的是，球鞋是文化的产物；从大学校园到城市街头再到时装周的T台，从地下运动到主流社会，球鞋讲述着我们的故事。

平凡的球鞋已成为我们时代的象征。它走过了漫长的道路，但我们敢说，终点线还没有看到，球鞋将持续见证这漫长的旅途。

球鞋，多么令人着迷！

图片版权说明

书中使用的所有图片均为 Kikikickz摄影档案馆®版权所有，以下页面图片除外：

14
© Granger/
Bridgeman Images

15
© Bridgeman Images

16
© Photopress Archiv/
Keystone/
Bridgeman Images

17 (haut)
© Education Images/
Universal Images Group/
Getty Images

17 (bas)
© Roger-Viollet

18
© R.K.O. PICTURES/Diltz/
Bridgeman Images

18
© Mirrorpix/
Getty Images

19
© Everett/Aurimages

20
© Michael Ochs Archives/
Getty Images

21 (haut)
© Beatriz Braga/Pexels

21 (bas)
© Joe Sohm/
Visions of America/
Universal Images Group
via Getty Images

22
© Paul Natkin/
WireImage/Getty Images

23
© Everett/Aurimages

24
© PYMCA/Universal
Images Group/
Getty Images

25
© Bridgeman Images

26
© Anthony Barboza/
Getty Images

27
© Barbara Alper/Getty
Images

28
© Greg White/
Fairfax Media/Getty Images

29
© Pool Ducasse/
Lounes/Gamma-Rapho
via Getty Images

32
© Everett/Aurimages

33
© Jean-Erick Pasquier/
Gamma-Rapho

36
© Bettmann/
Getty Images

37 (gauche)
© Nike

37 (droite)
© Manuel Mittelpunkt

37 (bas)
© Bridgeman Images

40
© Nike

41 (haut)
© Nike

41 (bas)
© Nike

46
© The Adidas Archive

47 (haut)
© Everett/Aurimages

47 (bas)
© Brauner/Ullstein Bild/
Getty Images

50
© Randy Brooke/
Getty Images/AFP

51 (bas)
© Rich Fury/VF20/
Getty Images

55
© Nathan Merchadier

56
© Sven Simon/AKG

57 (haut)
© NCAA Photos/
Getty Images

57 (bas)
© The Advertising Archives/
Bridgeman Images

60
© Yunghi Kim/
The Boston Globe/
Getty Images

61 (haut)
© Reebok

61 (bas)
© Reebok

64
© Stan Grossfeld/
The Boston Globe/
Getty Images

65 (haut)
© Nike

65 (bas)
© The Advertising Archives/
Bridgeman Images

68
© New Balance

69 (haut)
© New Balance

69 (bas)
© New Balance

73 (pleine page)
© Suzanne Daniels

74 (gauche)
© ASICS

74 (droite)
© ASICS

75 (haut)
© ASICS

75 (bas)
© Everett Collection/
Bridgeman Images

78
© Andrea Leopardi/
Unsplash

79 (haut)
© Douglas Bagg/
Unsplash

79 (bas)
© Ron Grover/
MPTV/Bureau233

87 (pleine page)
© Agence/Bestimage

95 (haut)
© Nike

96
© Daniele Venturelli/
Getty Images

97
© Theo Wargo/
Getty Images/AFP

102
© Michael N. Todaro/
Getty Image/AFP

106
© Nike

107
© Lester Cohen/
WireImage/Getty Images

108
© Tiziano Da Silva/
BestImage

109 (haut)
© Wiktor Szymanowicz/
Future Publishing/
Getty Images

109 (bas)
© Nap Funtelar/
Unsplash

113
© Leslie Dumeix

114 (haut)
© Nike

114 (bas)
© Chesnot/WireImage/
Getty Images

115
© Nike

116
© Francois Durand/
Getty Images/AFP

118 (haut)
© Epic Games

118 (bas)
© Kevin Mazur/
Getty Images

119 (haut)
© Rick Kern/WireImage/
Getty Images

119 (bas)
© Jerritt Clark/
Getty Images/AFP

121
© Gotham/GC Images/
Getty Images

122
© Nike

123 (haut)
© Matt Winkelmeyer/
GettyImages/AFP

129
© Kevin Mazur/
Getty Images for
Universal Music Group

148
© Courtesy of Sotheby's/
Mega/KCS Presse

151
© Everett Collection/
Bridgeman Images

164
© Neilson Barnard/
Getty Images/AFP

166
© Justin Sullivan/
Getty Images/AFP

170
© Stephane Cardinale -
Corbis/Corbis via
Getty Images

感谢品牌、代理机构和摄影师们允许我们复制本书中出现的图片。

出版社与Kikikickz已尽力确认并与版权方取得联系。有任何错漏或疑问请告知我们，将会在后续重印时予以纠正。

原文书名：SNEAKER OBSESSION

原作者名：Alexandre Pauwels

Originally published in French as *Sneakers Obsession* ©Éditions Flammarion, S.A., Paris, 2022

All rights reserved.No part of this publication may be reproduced in any form or by any means, electronic, photocopy, information retrieval system, or otherwise, without written permission from Éditions Flammarion, S.A.

Simplified Chinese edition arranged through Copyright Protection Center of China.

著作权合同登记号：图字：01-2024-5317

图书在版编目（CIP）数据

球鞋狂热 / （法）亚历山大·波维尔斯著 ；赵碎浪，刘莉译. --北京 ：中国纺织出版社有限公司，2025.9. --（国际时尚设计丛书）. -- ISBN 978-7-5229-2134-1

Ⅰ. TS943.74

中国国家版本馆CIP数据核字第2024SU8202号

责任编辑：宗 静 刘 茸 特约编辑：赵佳茜
责任校对：高 涵 责任印制：王艳丽

中国纺织出版社有限公司出版发行
地址：北京市朝阳区百子湾东里A407号楼 邮政编码：100124
销售电话：010—67004422 传真：010—87155801
http://www.c-textilep.com
中国纺织出版社天猫旗舰店
官方微博http://weibo.com/2119887771
北京华联印刷有限公司印刷 各地新华书店经销
2025年9月第1版第1次印刷
开本：787×1092 1/16 印张：10.75
字数：175千字 定价：258.00元